高等职业教育机电类专业系列教材

AutoCAD 机械绘图习题集

钱 坤 编

机 械 工 业 出 版 社

本书是一本使用 AutoCAD 绘制成套零件图和装配图的习题集，是《AutoCAD 机械绘图》（ISBN：978-7-111-55805-7）的配套教材。

本书采用任务型编写形式，配置规范、清晰、标准的机械图样。以学生 AutoCAD 绘图为主体，内容包括千斤顶、齿轮泵、铣刀头、减速器、冲压模具、塑料模共 6 套由简单到复杂的完整零件图和装配图，可供机械类相关专业的学生选择。

本书以机械制图、AutoCAD 为基础，可与其他 AutoCAD 绘图教材配套。本书对高职高专和应用型本科学生具有很强的针对性和实用性。本书可作为高职高专、应用型本科院校机械类专业 AutoCAD 实训教学用书，也可供普通本科、成人高校相关专业使用。

图书在版编目（CIP）数据

AutoCAD 机械绘图习题集/钱坤编. —北京：机械工业出版社，2018.9（2024.2 重印）

高等职业教育机电类专业系列教材

ISBN 978-7-111-60948-3

Ⅰ.①A… Ⅱ.①钱… Ⅲ.①机械制图-AutoCAD 软件-高等职业教育-习题集 Ⅳ.①TH126-44

中国版本图书馆 CIP 数据核字（2018）第 216951 号

机械工业出版社（北京市百万庄大街 22 号 邮政编码 100037）
策划编辑：薛 礼 责任编辑：薛 礼 责任校对：张晓蓉
封面设计：鞠 杨 责任印制：单爱军
北京虎彩文化传播有限公司印刷
2024 年 2 月第 1 版第 3 次印刷
184mm×260mm · 4.25 印张 · 2 插页 · 103 千字
标准书号：ISBN 978-7-111-60948-3
定价：21.00 元

电话服务
客服电话：010-88361066
010-88379833
010-68326294
封底无防伪标均为盗版

网络服务
机 工 官 网：www.cmpbook.com
机 工 官 博：weibo.com/cmp1952
金 书 网：www.golden-book.com
机工教育服务网：www.cmpedu.com

前　言

本书是根据《教育部关于全面提高高等职业教育质量的若干意见》中关于大力推行工学结合，加大课程建设与改革的力度，增强学生的职业能力，改革教学方法和手段，融“教、学、做”为一体，突出“做中学”、学生为主体的教学活动，加强项目任务型教材建设的课改思想，结合多年机械制图、AutoCAD课程的教学经验编写而成。

本书是一本使用AutoCAD绘制成套零件图和装配图的习题集，是《AutoCAD机械绘图》（ISBN：978-7-111-55805-7）的配套教材，也可与其他AutoCAD绘图教材配套使用。

本书以机械制图、AutoCAD为基础，采用任务型编写形式，以学生AutoCAD绘图为主体，关注“做中学”任务型课堂实施环节，把正确、完整、清晰的整套零件图和装配图作为任务对象，着力提高学生零件图、装配图的绘图技能，为后续专业课程设计提供必备的基础。

本书内容由简单到复杂，题型具有典型性和适度差异性，可供机械类相关专业的学生选择。所有任务均以机械图样为载体，用以加强学生对机械制图、AutoCAD知识的应用与巩固。全书共6个实训任务，包括千斤顶、齿轮泵、铣刀头、减速器、冲压模具及塑料模的全套零件图和装配图的绘制，每个实训任务均配置了规范、清晰、标准的机械图样。

本书具有以下特点：

1）适应任务型AutoCAD绘图实践、实训。

2）图样正确、完整、清晰、标准。

3）零件图、装配图成套，技术要求完整。

4）题型典型，适合机械类相关专业的学生。

本书可作为高职高专、应用型本科院校机械类专业AutoCAD绘图实训教学用书，也可供普通本科、成人高校相关专业使用。

限于编者的水平，本书难免存在缺点，恳请读者批评、指正。

编　者

目　　录

实训一　绘制千斤顶图样

任务一　绘制千斤顶零件图

一、工作任务

绘制千斤顶零件图（5 幅）。

二、实施步骤

1）设置绘图环境（单位、图层、文字样式、标注样式）。

2）绘制零件视图。

3）绘制剖面线。

4）标注尺寸、公差。

5）标注表面粗糙度（定义属性、创建块）。

6）绘制图框、标题栏（标题栏可用表格样式绘制）。

7）注写文字及技术要求。

注意：按顺序分别完成各个零件图。

三、图样要求

1）线型合格，图形正确。

2）尺寸完整，字体合规。

3）文字高度、表面粗糙度代号、尺寸箭头设置协调。

4）技术要求注写正确。

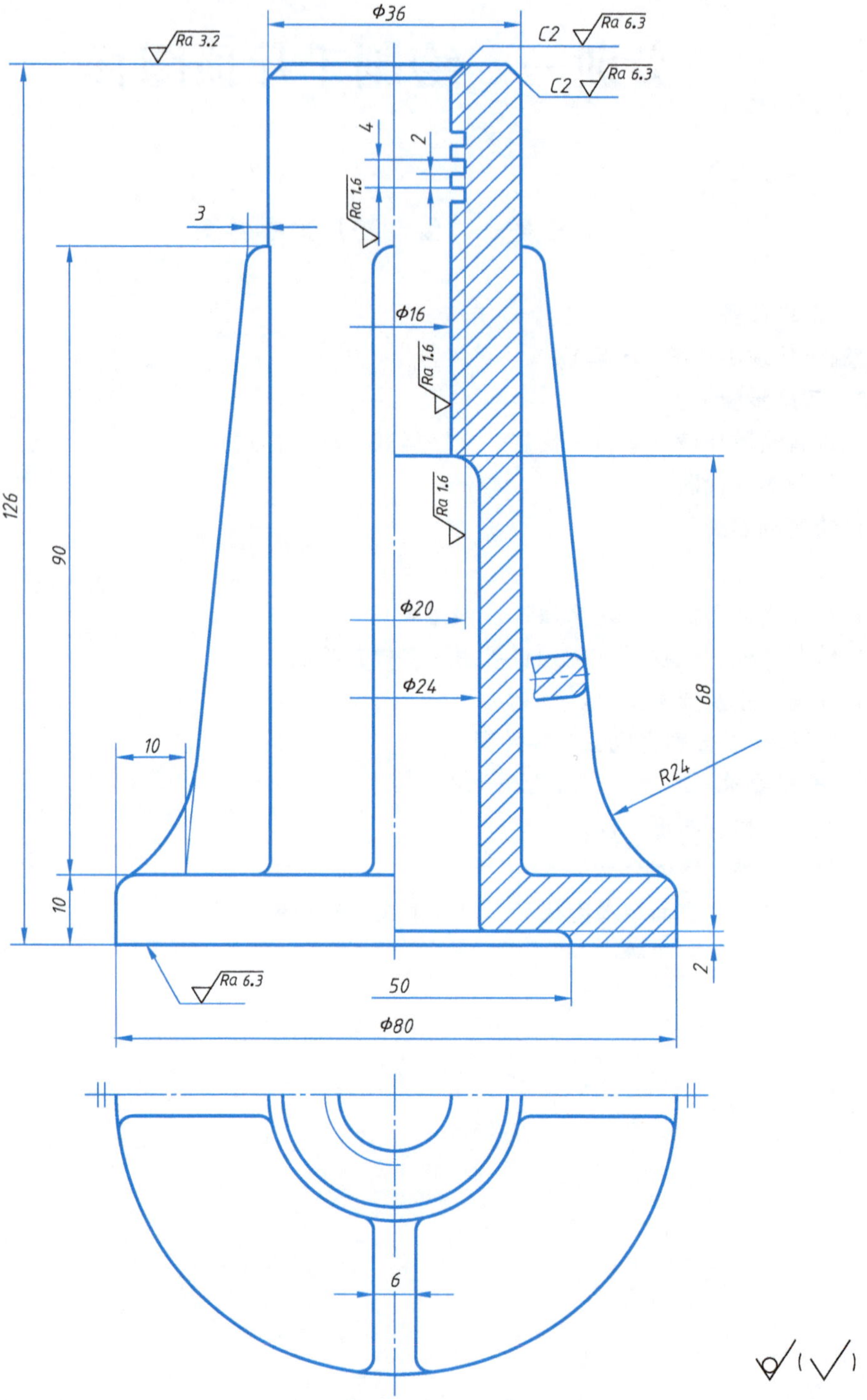

技术要求

1. 未注铸造圆角R2～R3。

2. 锐角倒钝。

底座	比例	数量	材料	图号
	1:1	1	HT300	
制图				
审核				

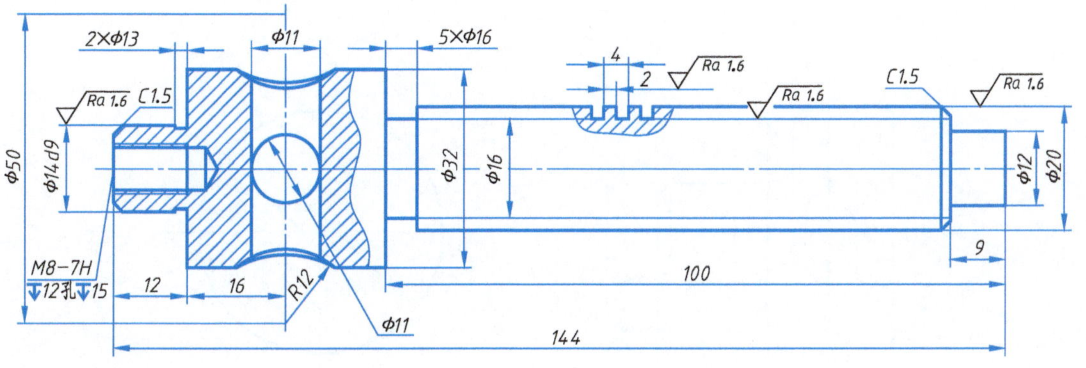

Ra 3.2 (√)

技术要求

1. 热处理35～40HRC。
2. 锐角倒钝。

起重螺杆			比例	数量	材料	图号
			1:1	1	45	
制图						
审核						

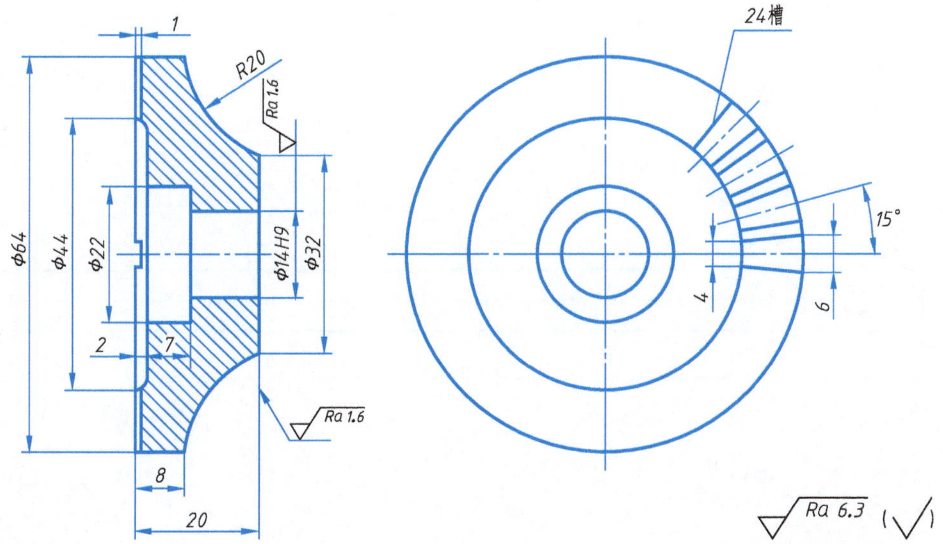

技术要求

1. 热处理35～40HRC。
2. 锐角倒钝。

顶盖			比例	数量	材料	图号
			1:1	1	45	
制图						
审核						

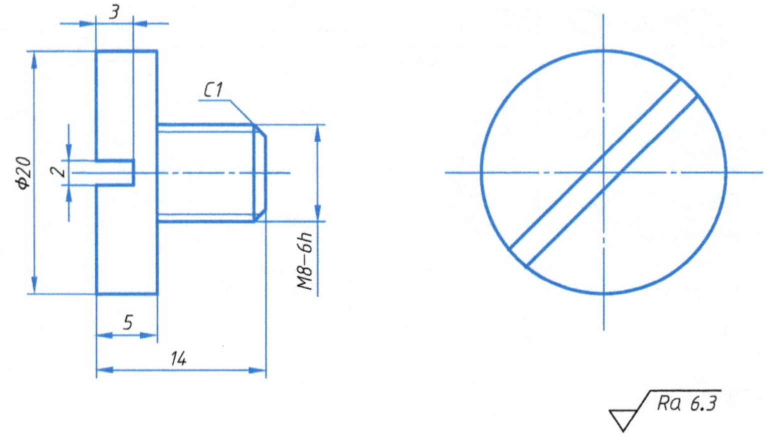

		比例	数量	材料	图号
螺钉		1:1	1	30	
制图					
审核					

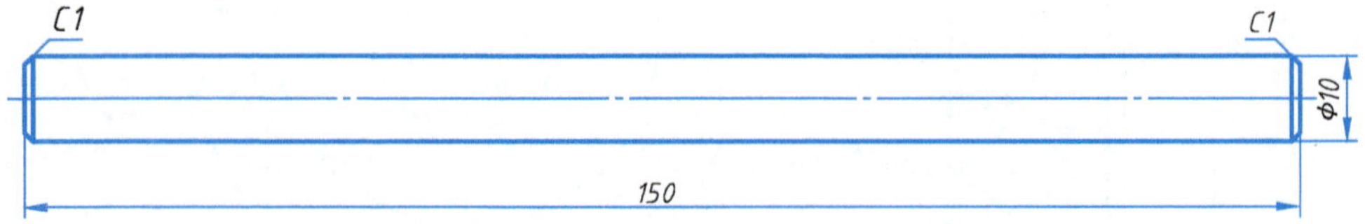

技术要求
热处理270～300HBW。

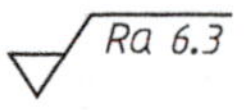

		比例	数量	材料	图号
旋转杆		1:1	1	45	
制图					
审核					

任务二　绘制千斤顶装配图

一、工作任务

根据千斤顶装配示意图和零件图绘制千斤顶装配图。

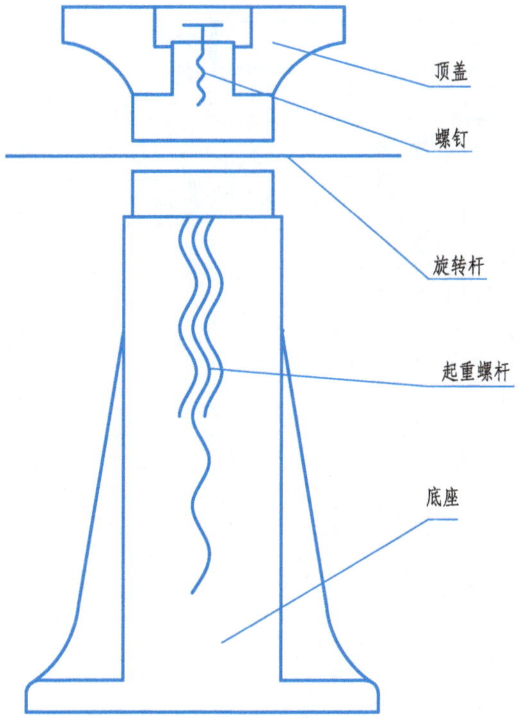

二、实施步骤

由零件图绘制装配图类似于装配，把零件按照相互位置关系组装起来。绘图时，先绘制主要零件，以装配主干线为准，逐个绘制出各个零件的视图，逐步绘制出主体结构与零件细节。

若在任务一中绘制好了零件图，则复制、插入零件图，拼画装配图即可。

1）确定表达方案，设置绘图环境。

2）绘制底座视图。

3）绘制起重螺杆视图。

4）绘制顶盖视图。

5）绘制螺钉、旋转杆和剖面线。

6）标注必要尺寸。

7）设置“多重引线样式”，标注零件序号。

8）设置“表格样式”，绘制标题栏、明细栏表格。

9）注写技术要求。

以下为三种不同表达方案的装配图。

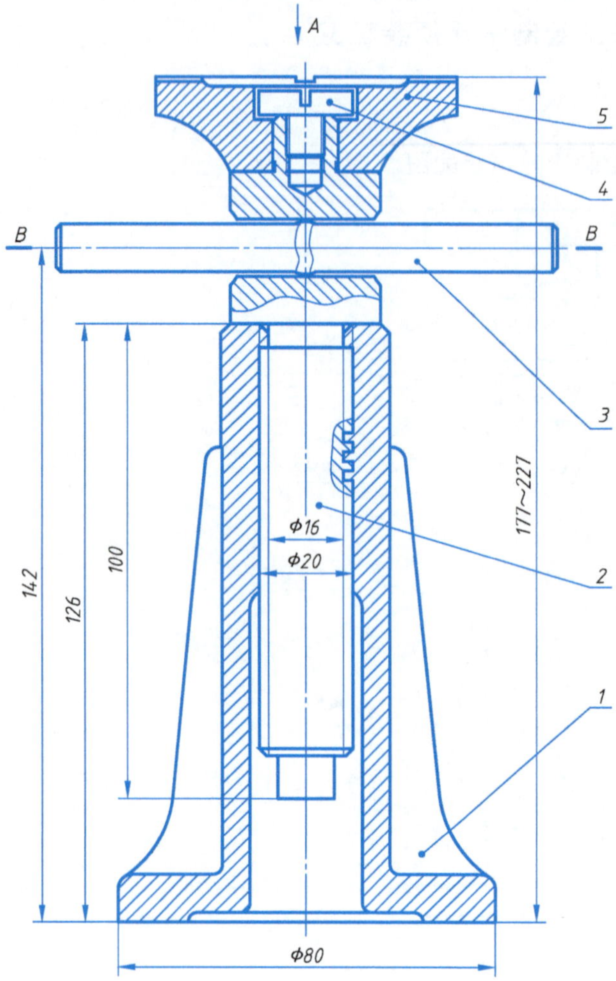

件5 A

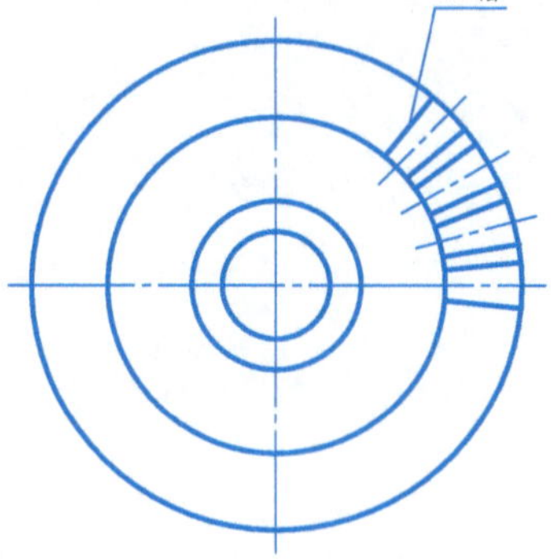

拆去3 B—B

5	顶盖	1	45		
4	螺钉	1	30		
3	旋转杆	1	45		
2	起重螺杆	1	45		
1	底座	1	HT300		
序号	名称	数量	材料		备注
千斤顶		比例	1:1	共1张	(图号)
		质量		第1张	
制图					
审核					

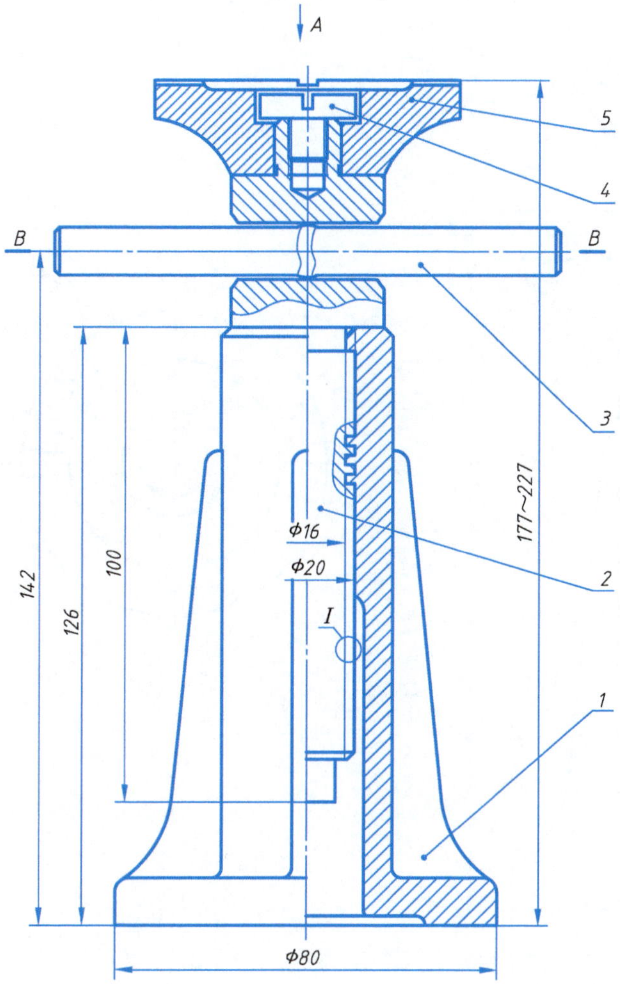

件5 A

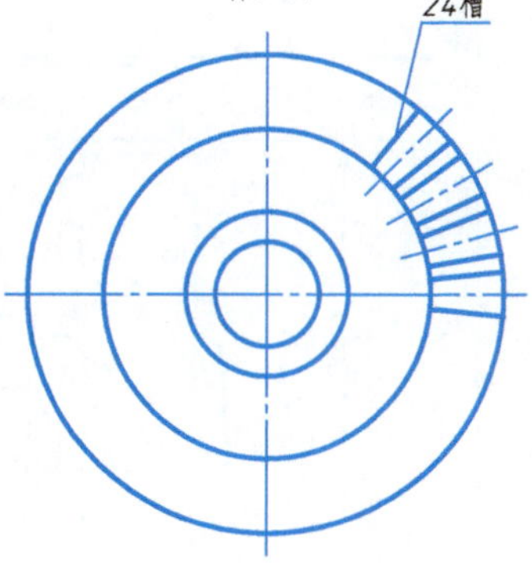

I
2:1

拆去3 B—B

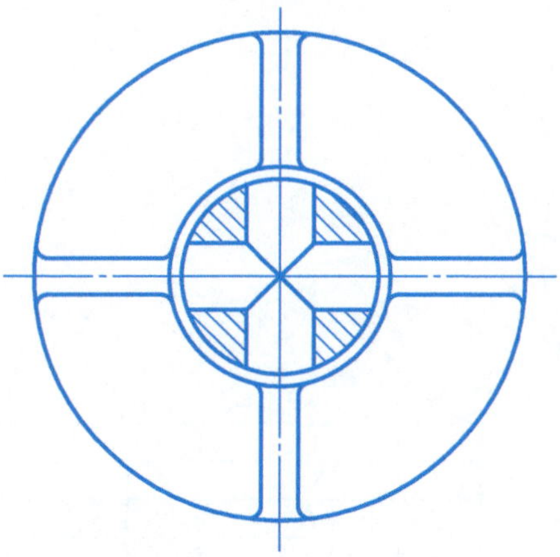

序号	名称	数量	材料	备注
5	顶盖	1	45	
4	螺钉	1	30	
3	旋转杆	1	45	
2	起重螺杆	1	45	
1	底座	1	HT300	

千斤顶	比例 1:1	共1张	(图号)
	质量	第1张	
制图			
审核			

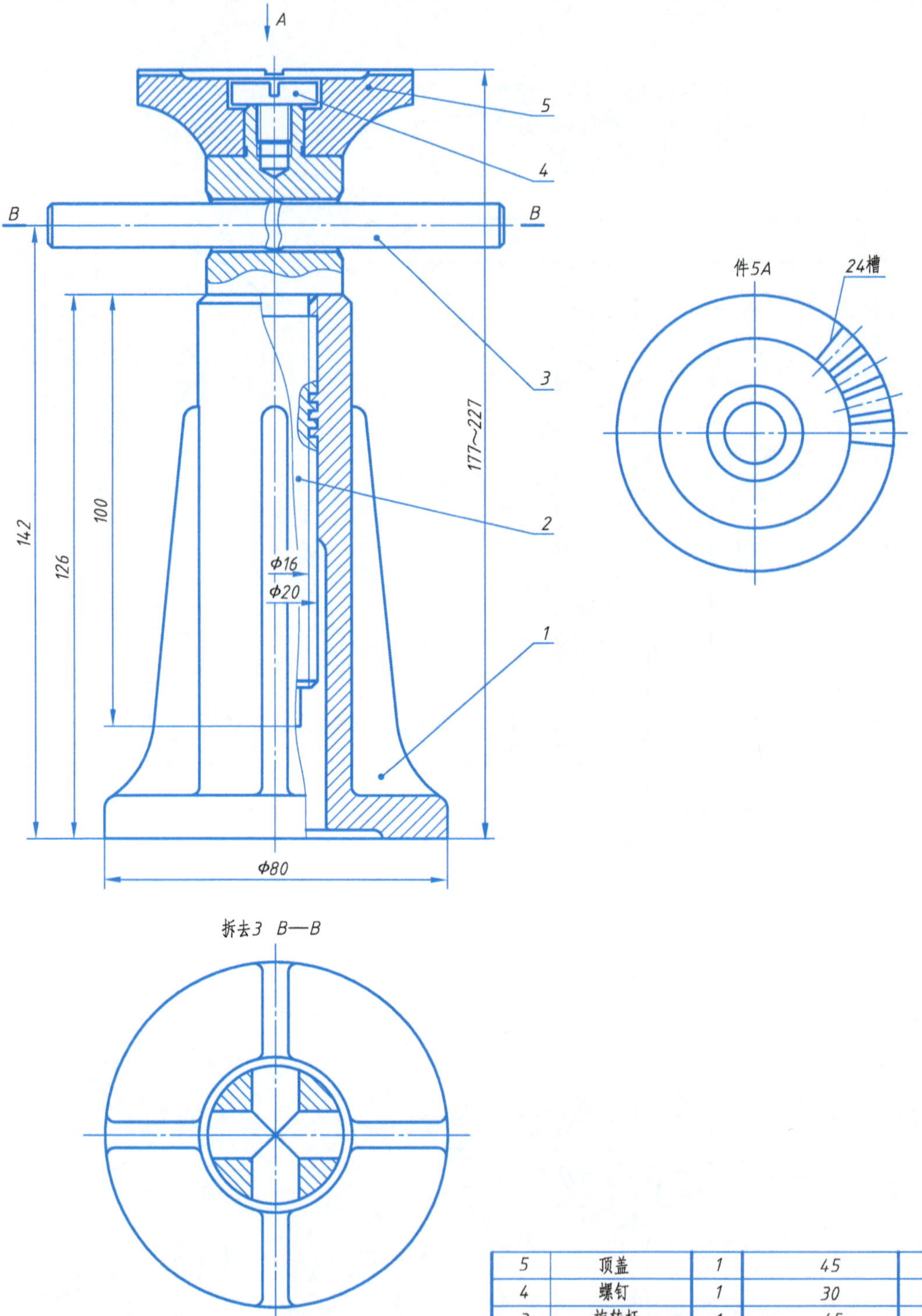

5	顶盖	1	45	
4	螺钉	1	30	
3	旋转杆	1	45	
2	起重螺杆	1	45	
1	底座	1	HT300	
序号	名称	数量	材 料	备注
千斤顶		比例 1:1	共1张	(图号)
		质量	第1张	
制图				
审核				

实训二　绘制齿轮泵图样

任务一　绘制齿轮泵零件图

一、工作任务

绘制齿轮泵零件图（7 幅）。

二、实施步骤

1）设置绘图环境。

2）绘制零件视图（注意绘图方法和步骤）。

3）绘制剖面线。

4）标注尺寸、公差。

5）定义属性、创建块，标注表面粗糙度。

6）绘制图框，设置表格样式，绘制标题栏表格。

7）注写文字及技术要求。

注意：按顺序分别完成各个零件图。

三、图样要求

1）线型合格，图形正确。

2）尺寸完整，字体合规。

3）文字高度、表面粗糙度代号、尺寸箭头设置协调。

4）技术要求注写正确。

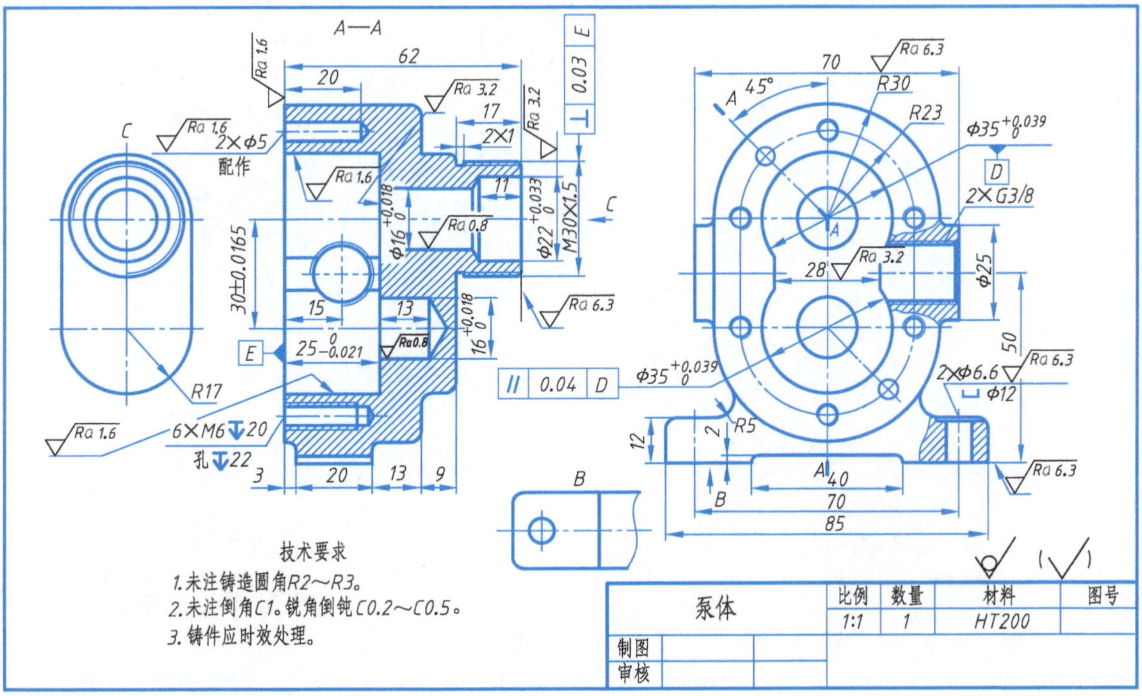

模数 m	2.5
齿数 z	12
压力角 α	20°
精度等级	8-7-7HK

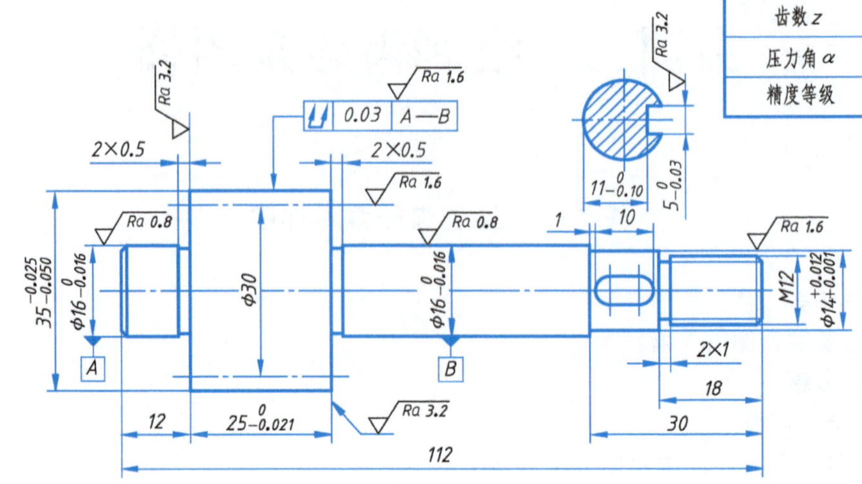

技术要求

1. 调质 220～250HBW。
2. 齿面淬火48～53HRC。
3. 未注倒角C1。锐角倒钝。

Ra 6.3 (√)

传动齿轮轴			比例	数量	材料	图号
			1:1	1	45	
制图						
审核						

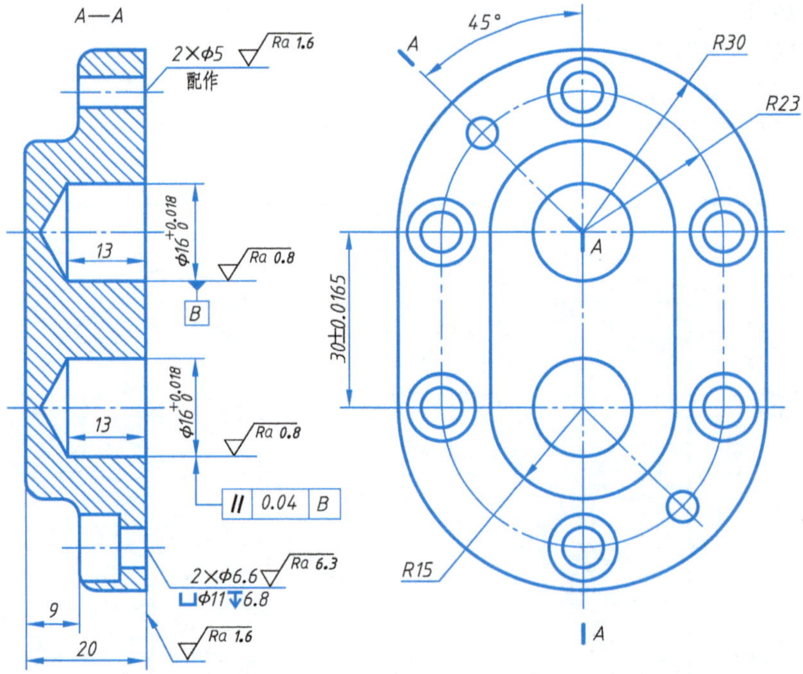

技术要求

1. 未注铸造圆角R2～R3。
2. 锐角倒钝C0.2～C0.5。
3. 铸件应时效处理。

(√)

泵盖			比例	数量	材料	图号
			1:1	1	HT200	
制图						
审核						

模数 m	2.5
齿数 z	12
压力角 α	20°
精度等级	8-7-7HK

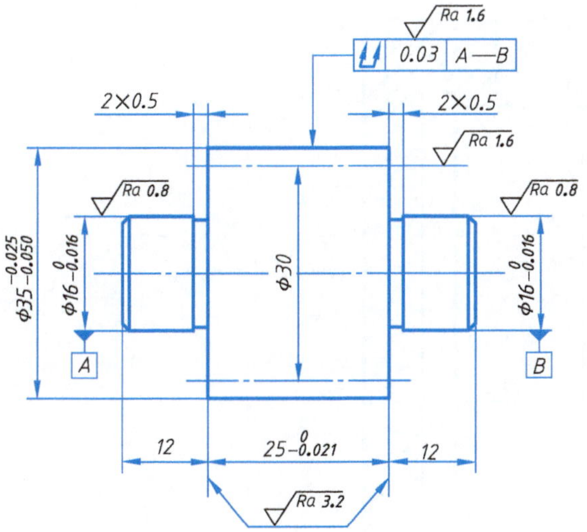

技术要求

1. 调质220～250HBW。
2. 齿面淬火48～53HRC。
3. 未注倒角C1。

Ra 6.3 (√)

齿轮轴	比例	数量	材料	图号
	1:1	1	45	
制图				
审核				

模数 m	2.5
齿数 z	20
压力角 α	20°
精度等级	8-7-7HK

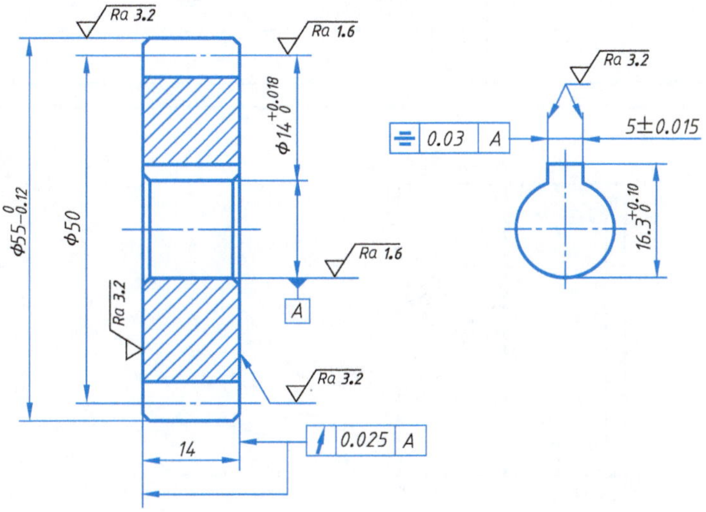

技术要求

1. 调质 220～250HBW。
2. 齿面淬火48～53HRC。
3. 未注倒角C1。

Ra 6.3 (√)

传动齿轮	比例	数量	材料	图号
	1:1	1	45	
制图				
审核				

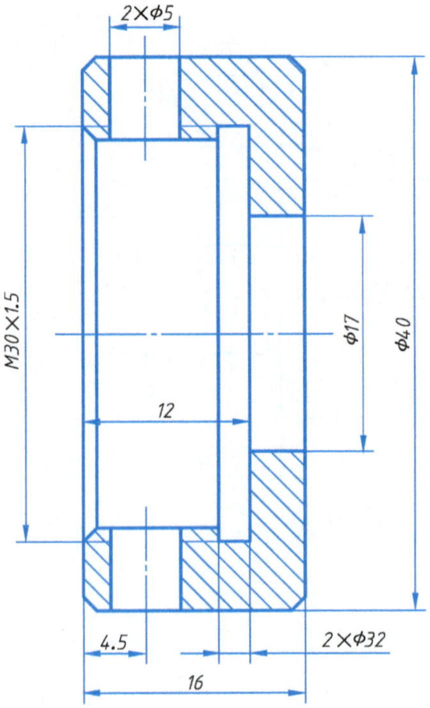

Ra 6.3

技术要求

1. 未注倒角C1。
2. 锐角倒钝C0.2～C0.5。

压紧螺母		比例	数量	材料	图号
		2:1	1	35	
制图					
审核					

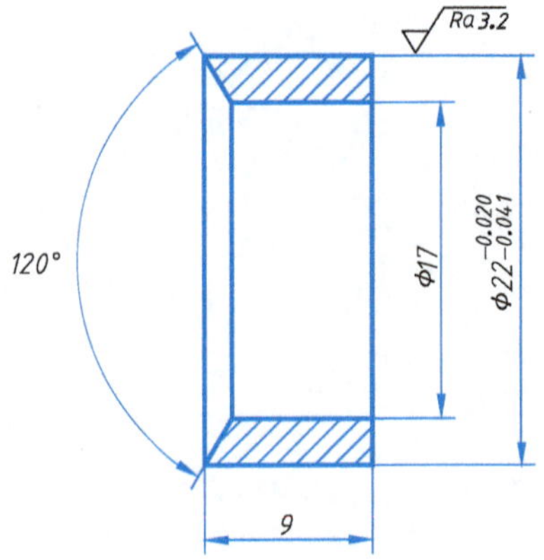

Ra 6.3 (√)

技术要求

1. 调质220～250HBW。
2. 锐角倒钝C0.2～C0.5。

压紧套		比例	数量	材料	图号
		2:1	1	45	
制图					
审核					

任务二　绘制齿轮泵装配图

一、工作任务

根据齿轮泵装配示意图和零件图绘制齿轮泵装配图。

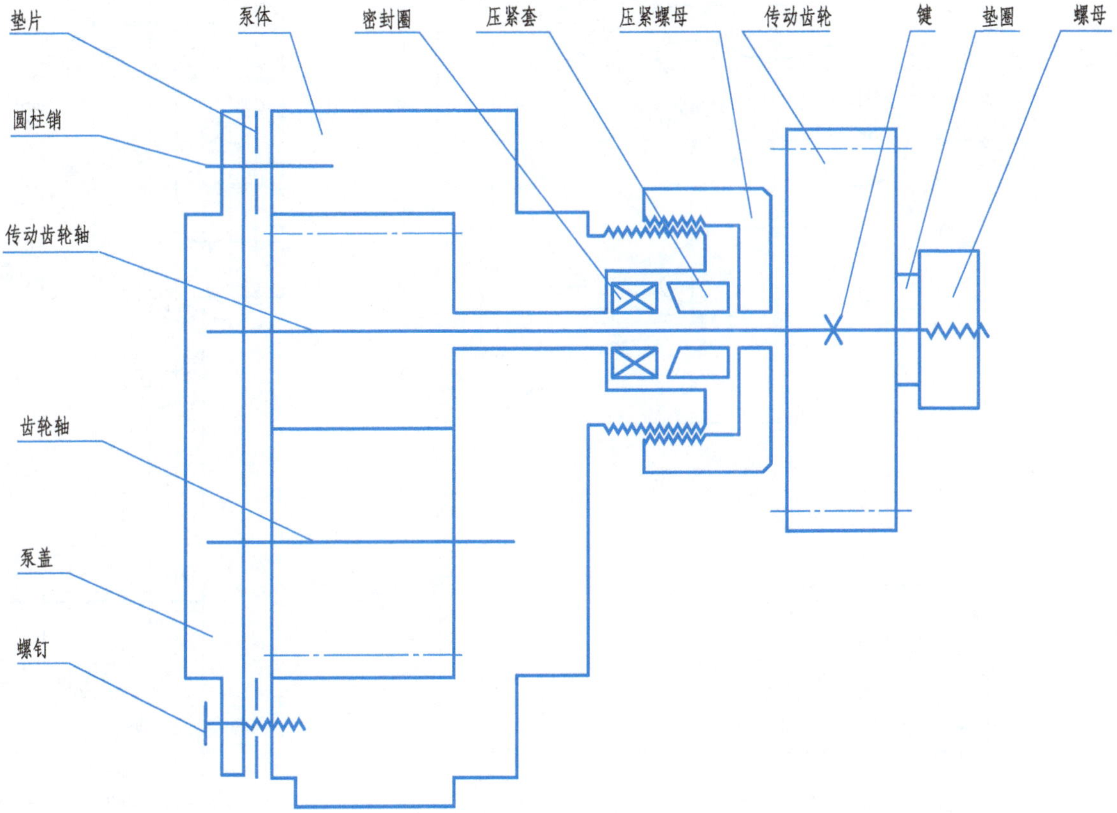

二、实施步骤

若在任务一中绘制好了零件图，则复制、插入零件图，拼画装配图即可。

1）确定表达方案，设置绘图环境。

2）绘制传动齿轮轴视图。

3）绘制齿轮轴视图。

4）绘制泵体视图。

5）绘制泵盖视图及销、螺钉。

6）绘制压紧套、压紧螺母及密封圈。

7）绘制传动齿轮、键、垫圈、螺母。

8）标注必要尺寸。

9）设置“多重引线样式”，标注零件序号。

10）设置“表格样式”，绘制标题栏、明细栏表格。

11）注写技术要求。

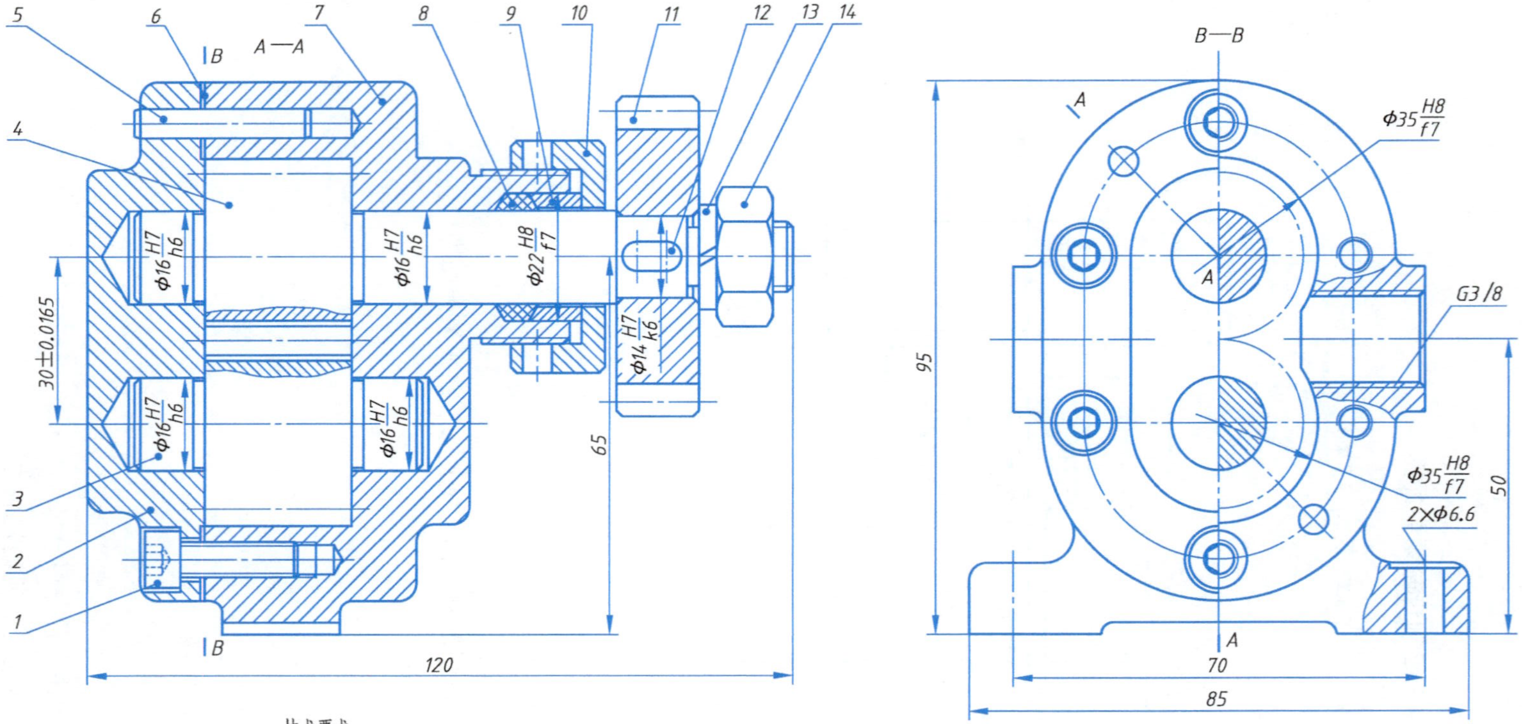

技术要求

1. 齿轮安装后,用手转动传动齿轮时,应旋转灵活,无卡阻现象。
2. 两齿轮轮齿的啮合面应占齿长的3/4以上。
3. 安装后须进行油压试验。

序号	名称	数量	材料	备注
14	螺母M12	1		GB/T 6170—2015
13	垫圈12	1	65Mn	GB 93—1987
12	键5×5×10	1		GB/T 1096—2003
11	传动齿轮	1	45	
10	压紧螺母	1	35	
9	压紧套	1	45	
8	密封圈	1	橡胶	
7	泵体	1	HT200	
6	垫片	1	耐油密封纸	t=1
5	销5m6×30	2	35	GB/T 119.2—2000
4	传动齿轮轴	1	45	
3	齿轮轴	1	45	
2	泵盖	1	HT200	
1	螺钉M6×20	6		GB/T 70.1—2008

齿轮泵		比例	1:1	共1张	(图号)
		质量		第1张	
制图	(姓名)	(学号)	(校名、班级)		
审核					

实训三　绘制铣刀头图样

任务一　绘制铣刀头零件图

一、工作任务

绘制铣刀头零件图（7 幅）。

二、实施步骤

1）设置绘图环境。

2）绘制零件视图（注意绘图方法和步骤）。

3）标注尺寸和公差。

4）标注几何公差。

5）定义属性、创建块，标注表面粗糙度。

6）绘制图框；设置表格样式，绘制标题栏表格。

7）注写文字及技术要求。

注意：按顺序分别完成各个零件图。

三、图样要求

1）线型合格，图形正确。

2）尺寸完整，字体合规。

3）文字高度、表面粗糙度代号、尺寸箭头设置协调。

4）技术要求注写正确。

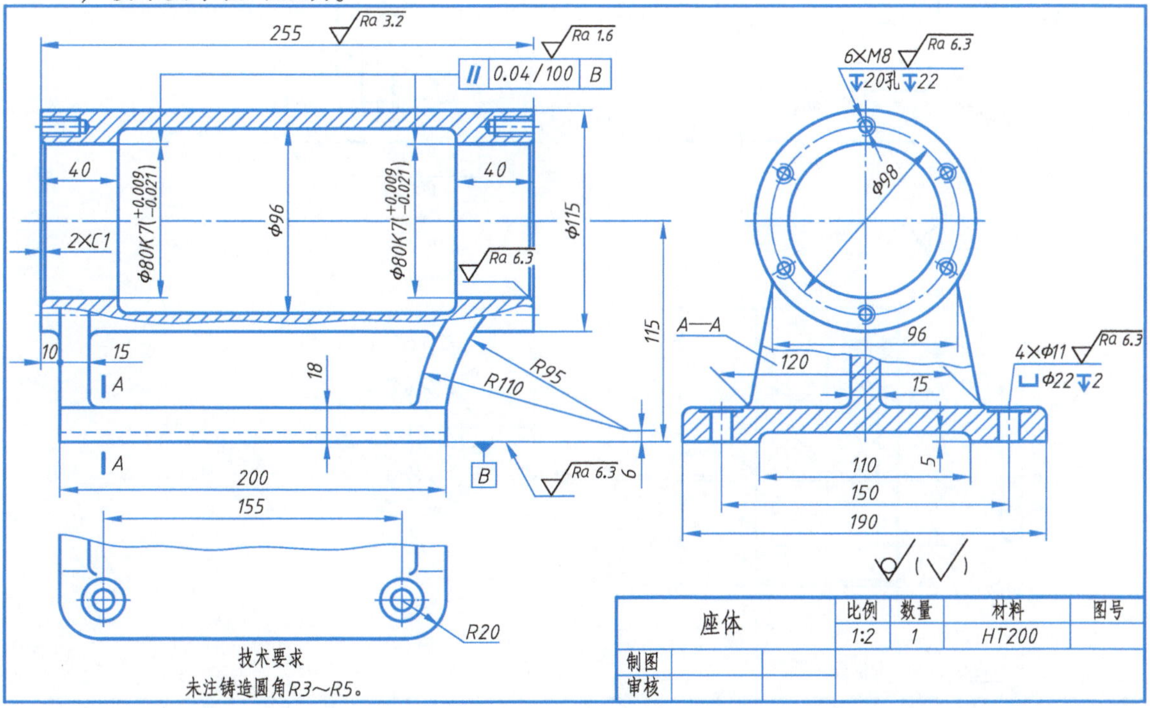

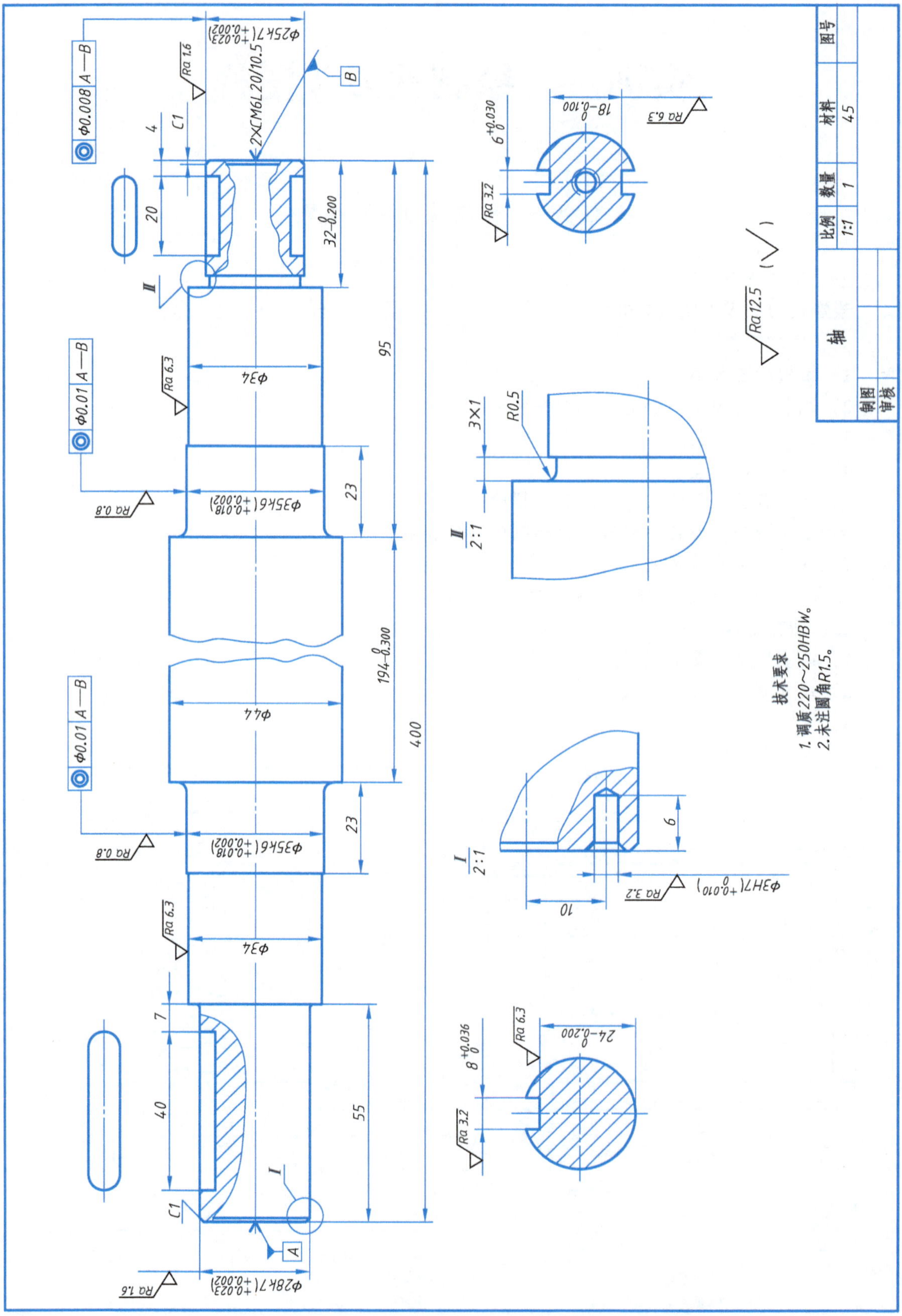

技术要求
1. 调质220~250HBW。
2. 未注圆角R1.5。
轴
比例
1:1
数量
1
材料
45
图号
制图
审核
Ra 12.5
2×CM6L20/10.5
400
95
194
55
23
32
40
20
Φ34
Φ44
Φ0.008 A—B
Φ0.01 A—B
Ra 1.6
Ra 6.3
Ra 0.8
Ra 3.2
I
2:1
II
2:1
R0.5
3×1
C1

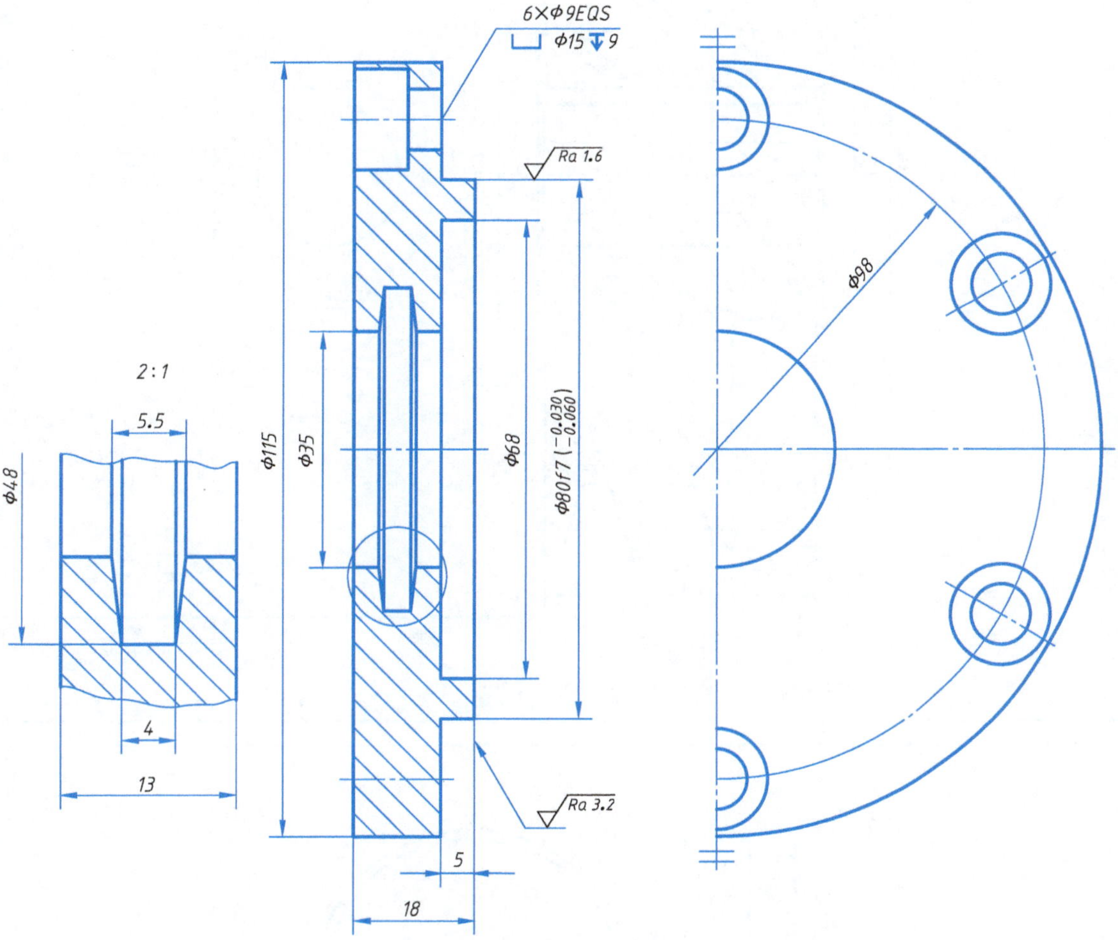

技术要求
锐角倒钝。

Ra 6.3 (√)

端盖	比例	数量	材料	图号
	1:1	2	HT150	
制图				
审核				

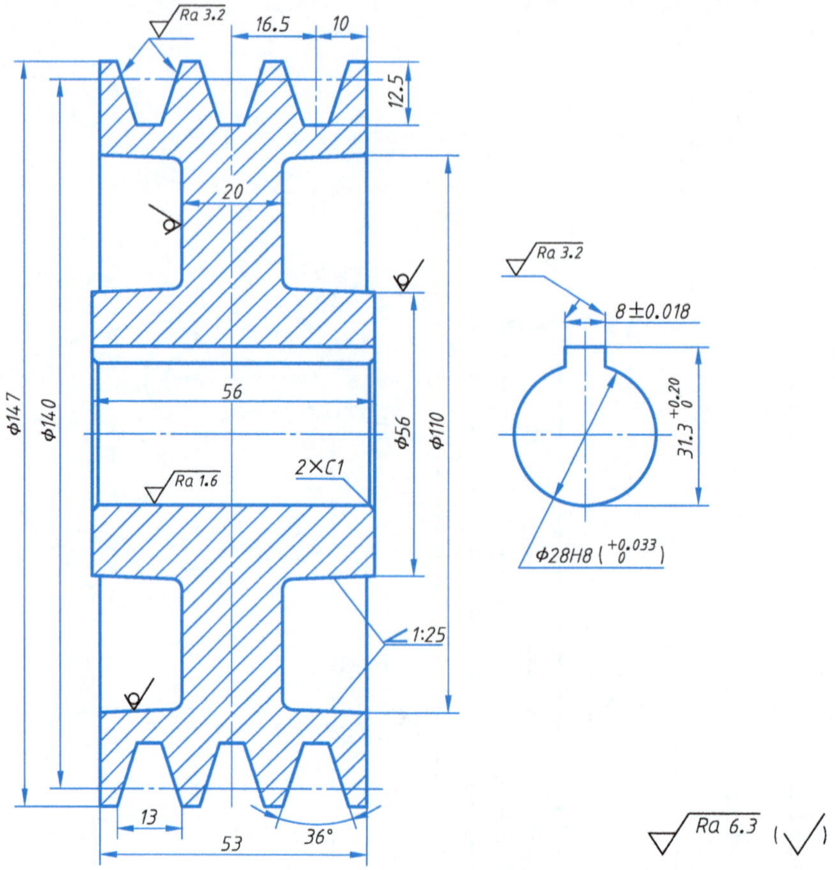

技术要求
锐角倒钝。

V带轮	比例	数量	材料	图号
	1:1	1	HT150	
制图				
审核				

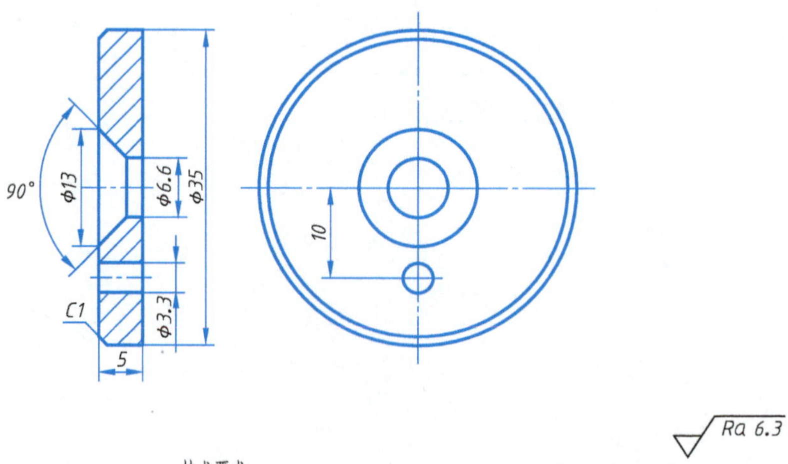

技术要求
锐角倒钝。

挡圈 A35	比例	数量	材料	图号
	2:1	1	35	
制图				
审核				

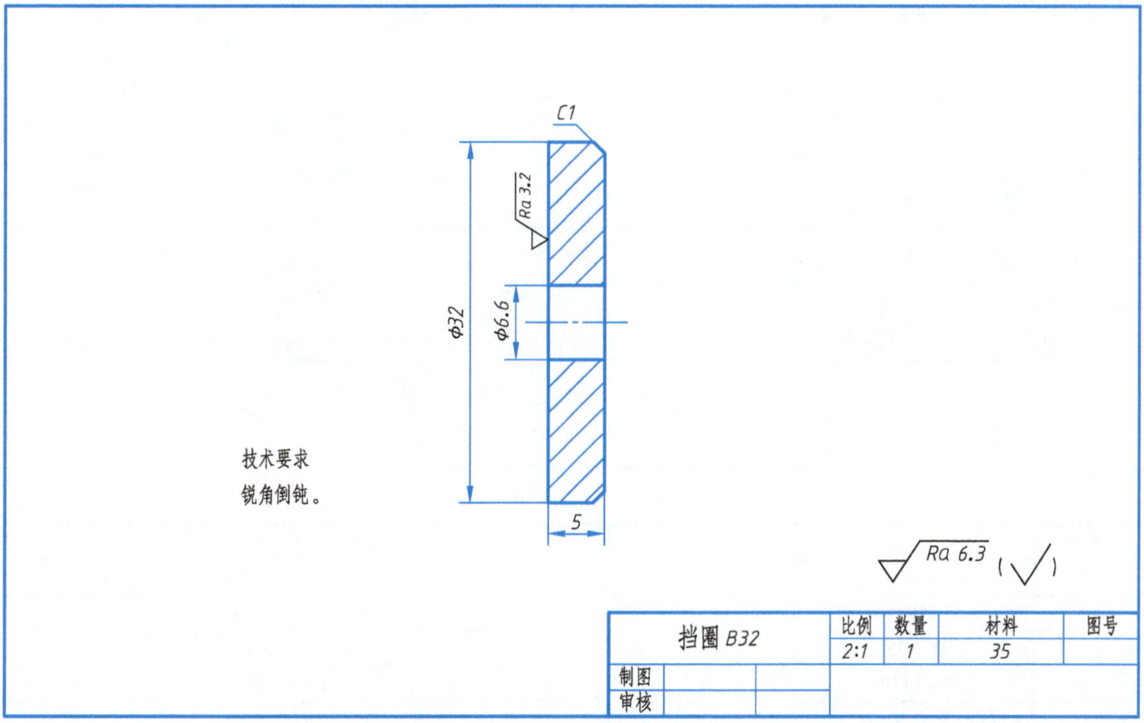

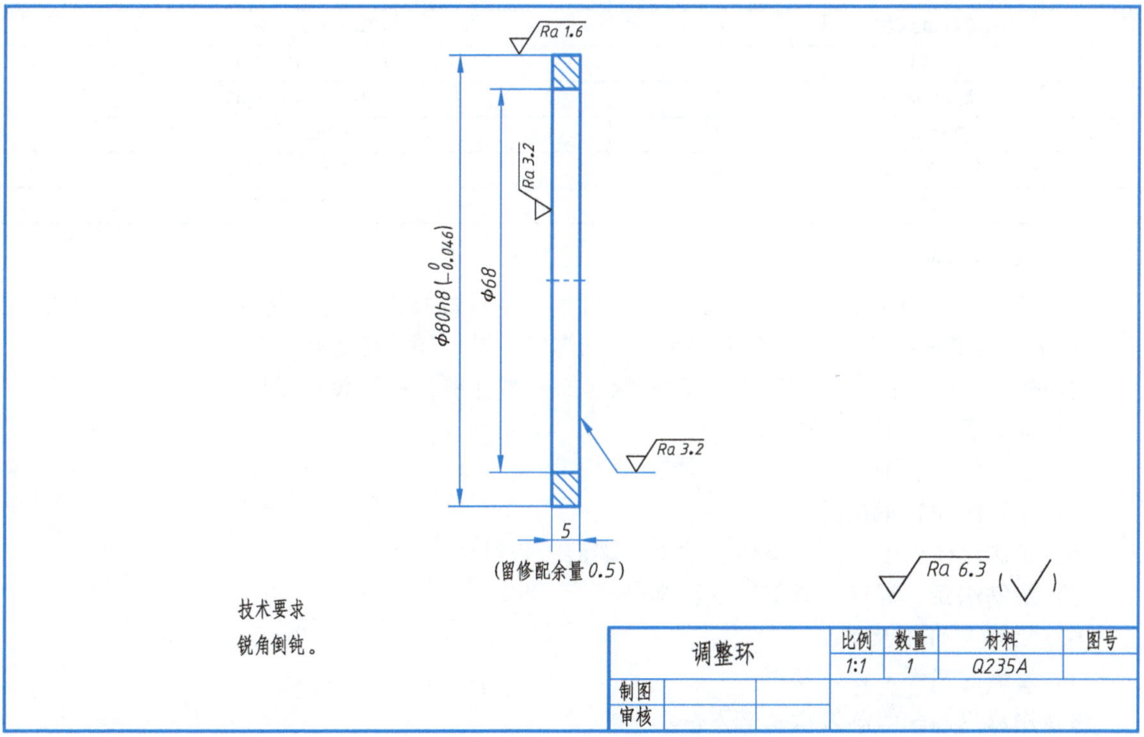

任务二　绘制铣刀头装配图

一、工作任务

根据铣刀头装配示意图和零件图绘制铣刀头装配图。标准件见如下明细表。

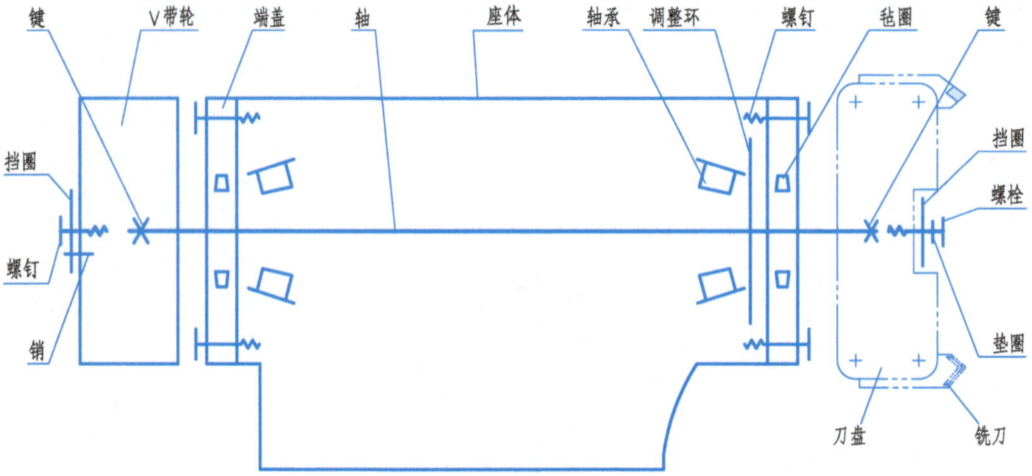

铣刀头标准件明细表

序号	名　称	数　量	标 准 代 号
1	销 3m6×12	1	GB/T 119.2—2000
2	螺钉 M6×16	1	GB/T 68—2016
3	挡圈 A35	1	GB 891—1986
4	键 8×7×40	1	GB/T 1096—2003
9	滚动轴承 30307	2	GB/T 297—2015
11	螺钉 M8×20	12	GB/T 70.1—2008
12	毡圈	2	FZ/T 25001—2012
13	键 6×6×20	2	GB/T 1096—2003
14	挡圈 B32	1	GB 892—1986
15	螺栓 M6×20	1	GB/T 5781—2016
16	垫圈 6	1	GB 93—1987

二、实施步骤

以装配主干线为准，由内向外逐个绘制出各个零件的视图，先绘制主要零件，逐步绘制出主体结构与零件细节，以及各种连接件（如螺钉、键、销、螺栓等）。

若在任务一中绘制好了零件图，则复制、插入零件图，拼画装配图即可。

1）确定表达方案。

2）绘制铣刀头轴。

3）绘制滚动轴承视图。

4）绘制座体视图。注意座体、轴承左端面的相对位置。

5）绘制端盖、螺钉、调整环及毡圈。

6）绘制 V 带轮及键。

7）绘制左挡圈、螺钉及销。

8）用双点画线绘制刀盘及铣刀。

9）绘制右挡圈、螺栓及垫圈。

10）标注必要尺寸。

11）设置“多重引线样式”，标注零件序号。

12）设置“表格样式”，绘制标题栏、明细栏表格。

装配图见书后插页 1。

实训四　绘制减速器图样

任务一　绘制减速器零件图

一、工作任务

绘制减速器零件图（22 幅）。

二、实施步骤

1）设置绘图环境。

2）绘制零件视图（注意绘图方法和步骤）。

3）标注尺寸和公差。

4）标注几何公差

5）定义属性、创建块，标注表面粗糙度。

6）绘制图框；设置表格样式，绘制标题栏表格。

7）注写文字及技术要求。

注意：难点是箱座、箱盖零件，细节处易出现错误。按顺序分别完成各个零件图。

三、图样要求

1）线型合格，图形正确。

2）尺寸完整，字体合规。

3）文字高度、表面粗糙度代号、尺寸箭头设置协调。

4）技术要求注写正确。

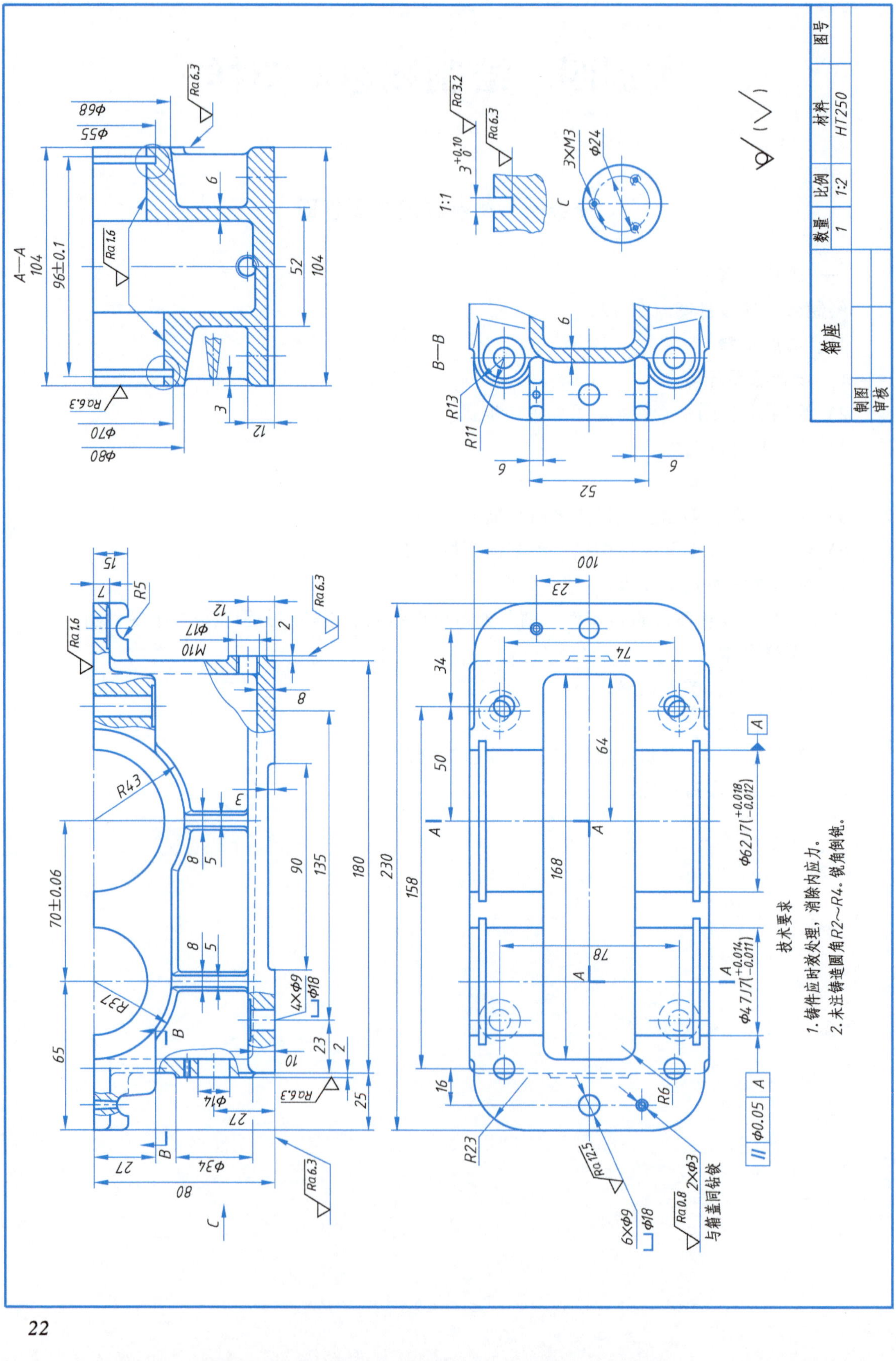
A—A
B—B
C
1:1
3×M3
2×Φ3
与箱盖同钻铰
6×Φ9
Φ18
4×Φ9
Φ62J7($^{+0.018}_{-0.012}$)
Φ47J7($^{+0.014}_{-0.011}$)
Φ0.05 A
技术要求
1. 铸件应时效处理，消除内应力。
2. 未注铸造圆角R2～R4。锐角倒钝。
箱座
数量 1
比例 1:2
材料 HT250
图号
制图
审核

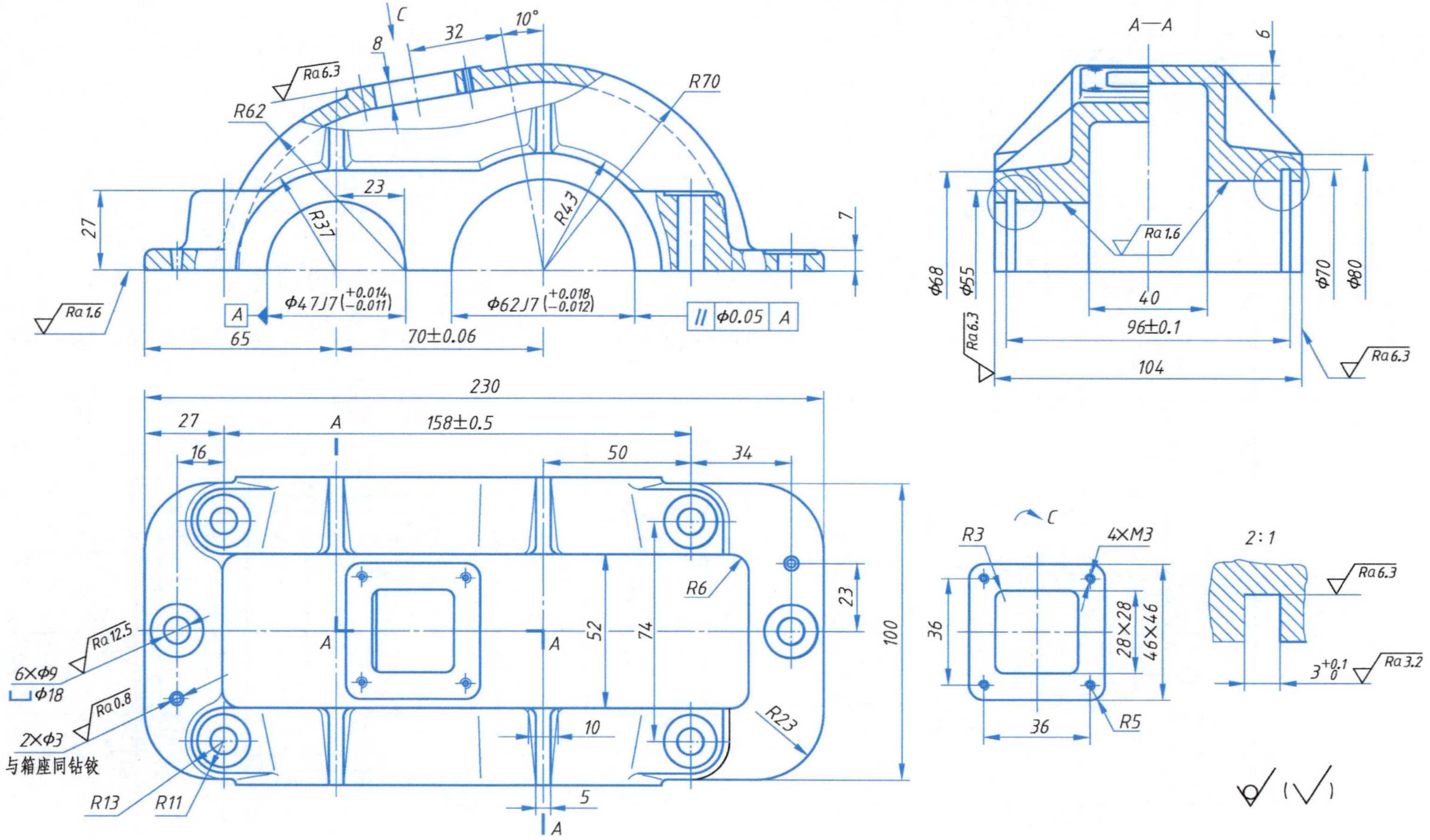

技术要求

1. 铸件应时效处理，消除内应力。

2. 未注铸造圆角R2～R4 。锐角倒钝。

箱盖		数量	比例	材料	图号
		1	1:2	HT250	
制图					
审核					

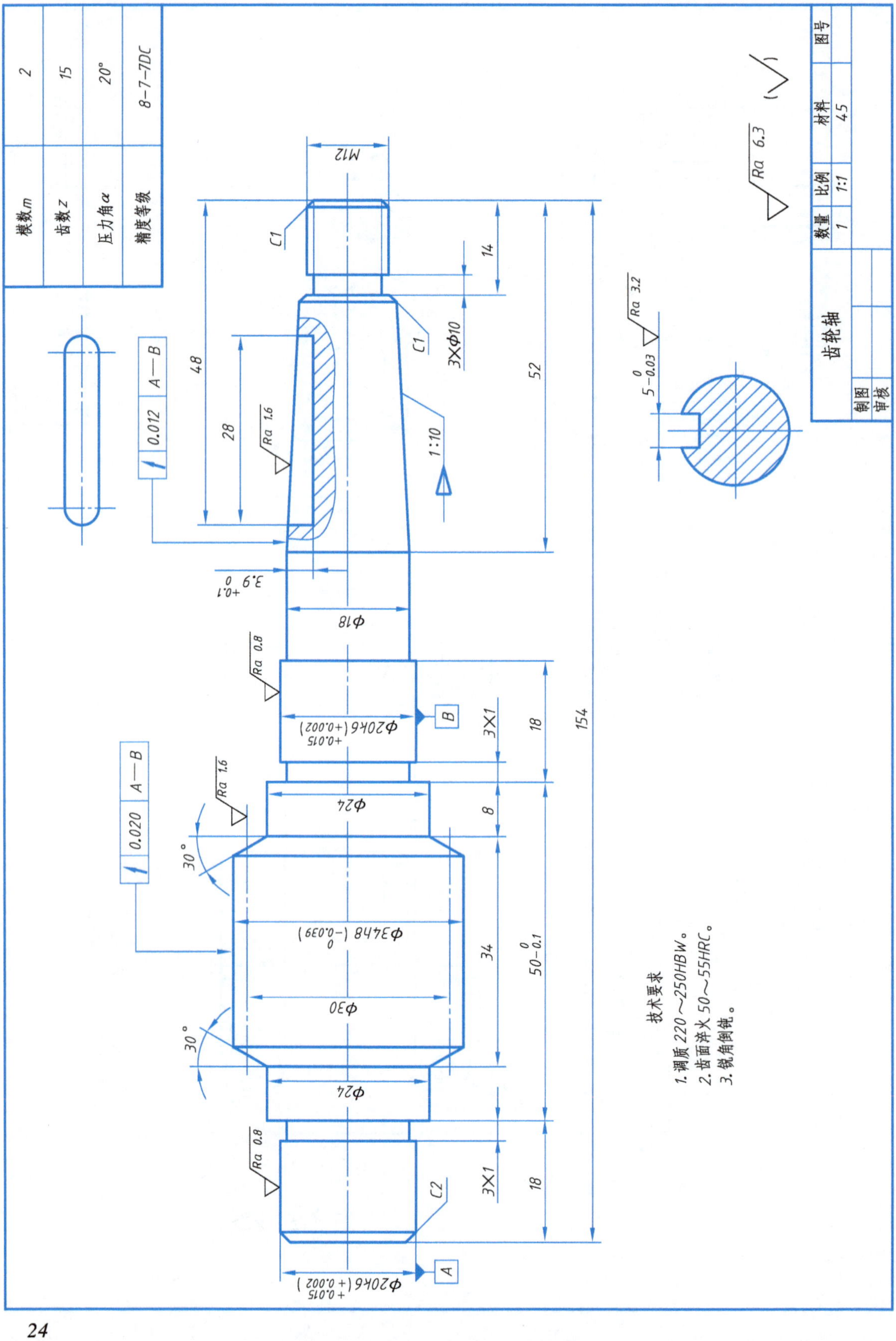

模数m 2
齿数z 15
压力角α 20°
精度等级 8-7-7DC
技术要求
1.调质 220～250HBW。
2.齿面淬火 50～55HRC。
3.锐角倒钝。
齿轮轴
数量 1
比例 1:1
材料 45
图号
制图
审核
Ra 6.3
Ra 3.2
Ra 1.6
Ra 0.8
M12
C1
C2
3×Φ10
1:10
Φ18
Φ24
Φ30
Φ20k6(+0.015 +0.002)
Φ34h8(0 -0.039)
0.012 A—B
0.020 A—B
A
B
30°
3×1
5-0.03
3.9+0.1
50-0.1
154
48
52
28
14
18
8
34

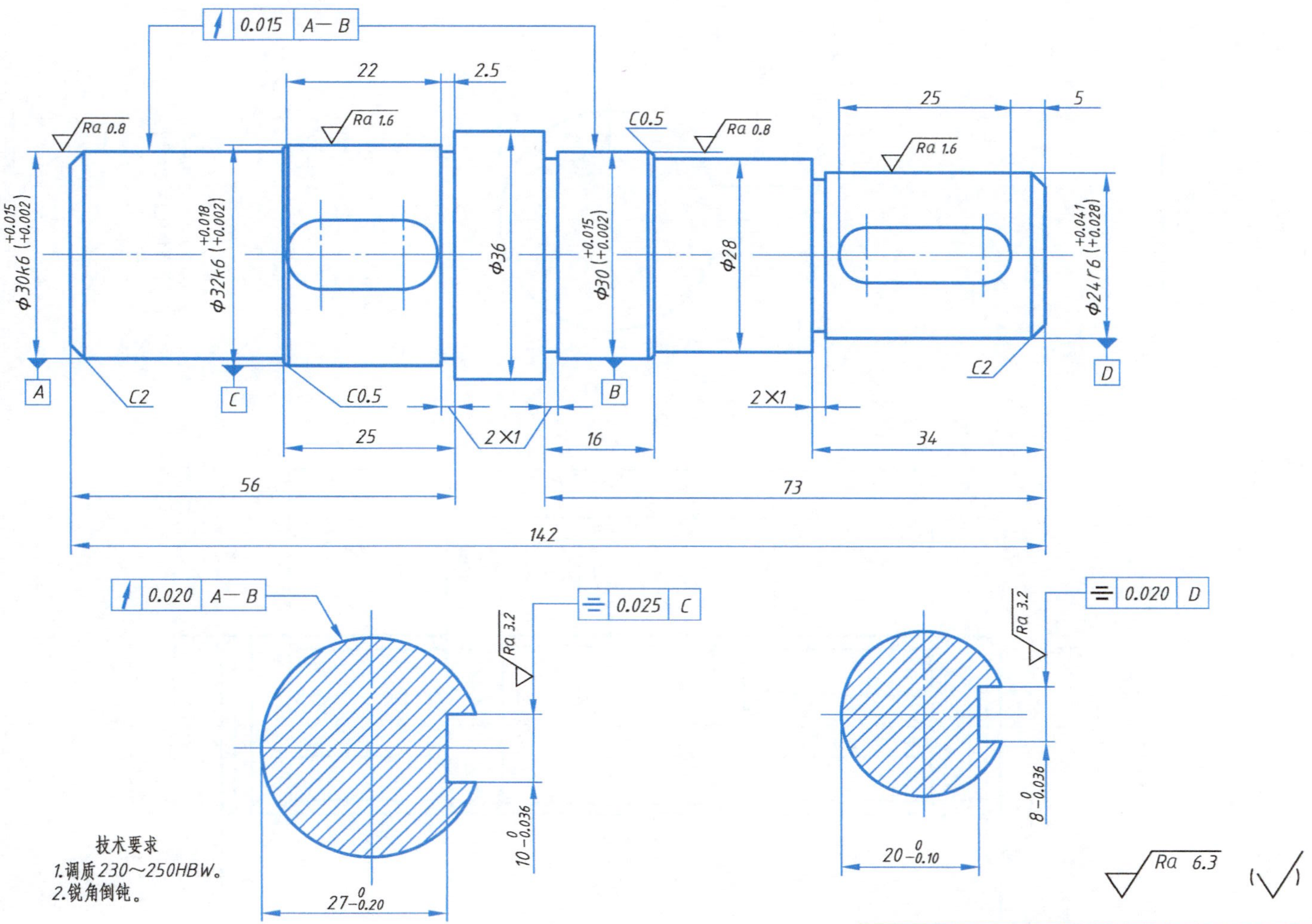

技术要求

1.调质230~250HBW。

2.锐角倒钝。

轴		数量	比例	材料	图号
		1	1:1	45	
制图					
审核					

模数m	2
齿数z	55
压力角α	20°
精度等级	8-7-7DC

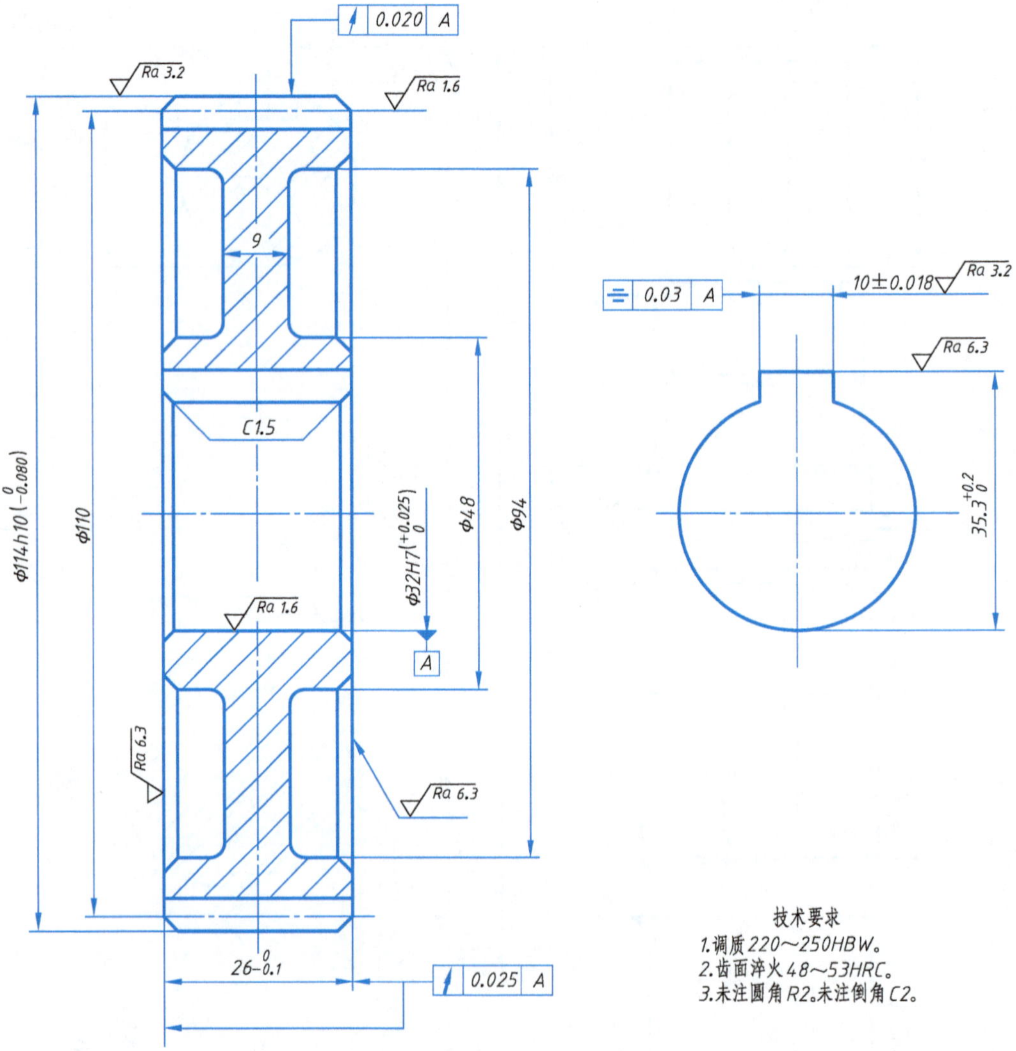

技术要求

1.调质220～250HBW。
2.齿面淬火48～53HRC。
3.未注圆角R2。未注倒角C2。

Ra 12.5 (√)

大齿轮		数量	比例	材料	图号
		1	1:1	45	
制图					
审核					

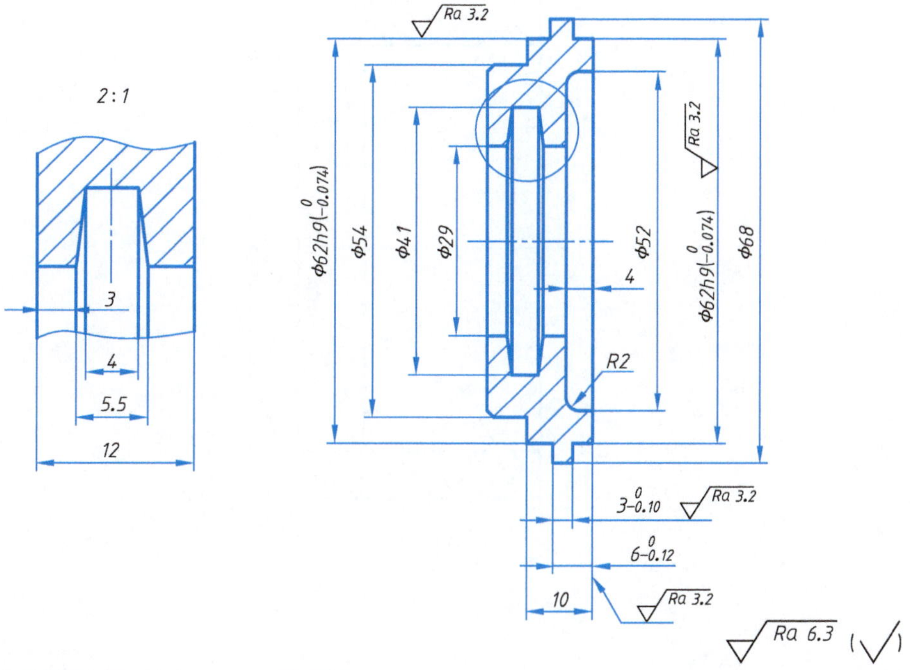

技术要求
1. 未注倒角C1。
2. 锐边去毛刺。

大端盖			数量	比例	材料	图号
			1	1:1	Q235A	
制图						
审核						

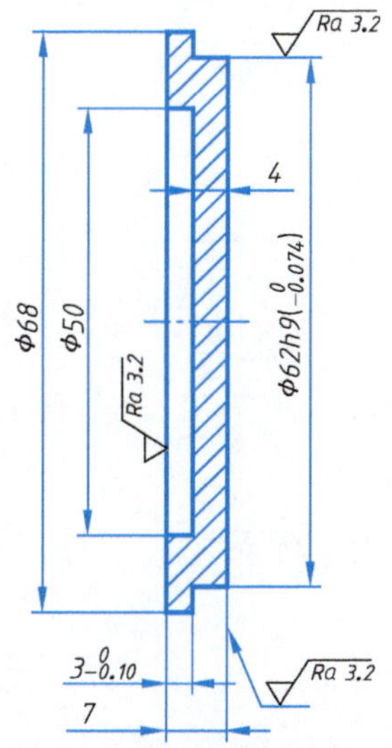

技术要求
锐角倒钝C0.2～C0.5。

$\sqrt{Ra\ 6.3}$ (√)

大闷盖			数量	比例	材料	图号
			1	1:1	Q235A	
制图						
审核						

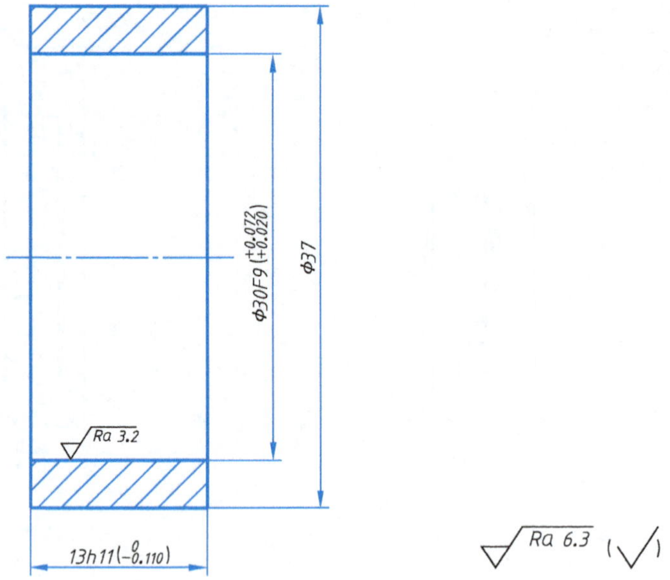

技术要求

1. 表面发蓝。
2. 锐角倒钝 C0.2～C0.5。

套筒			数量	比例	材料	图号
			1	2:1	Q235A	
制图						
审核						

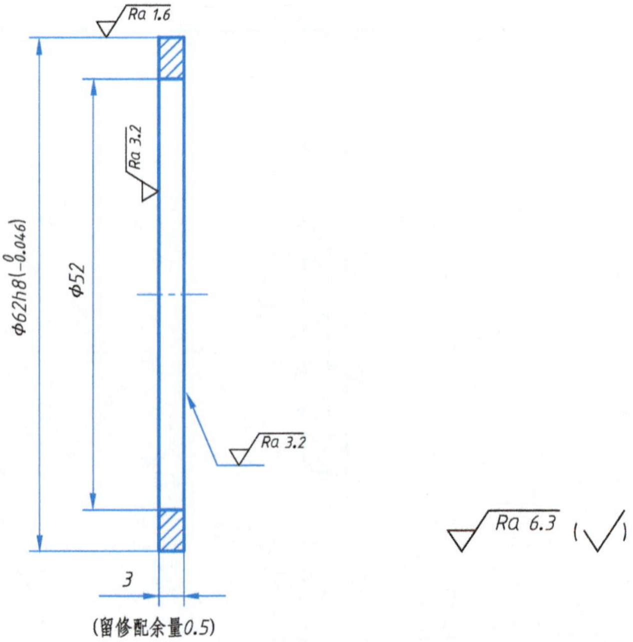

技术要求

锐角倒钝。

大轴调整环			数量	比例	材料	图号
			1	1:1	Q235A	
制图						
审核						

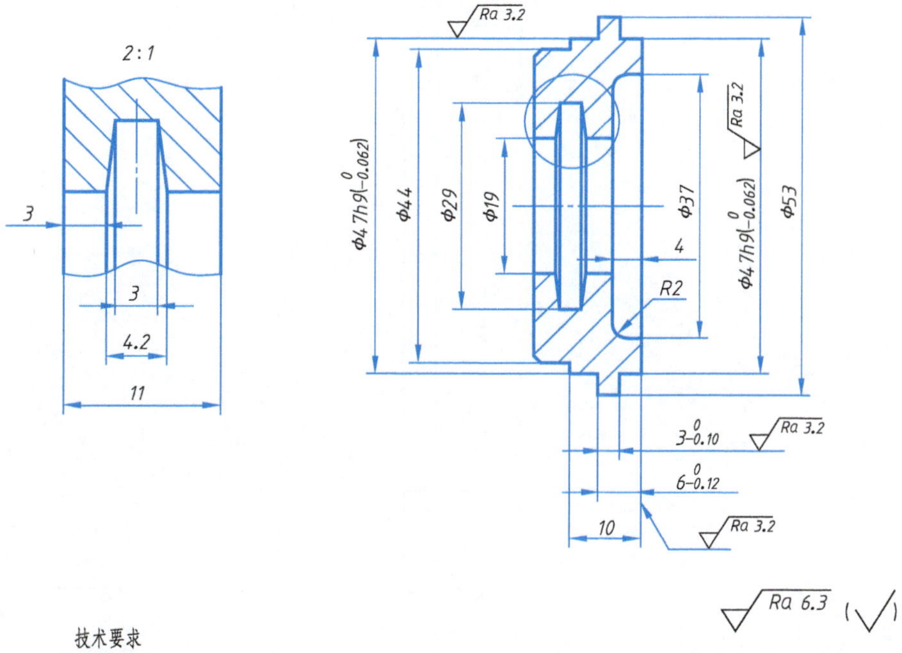

技术要求
1. 未注倒角C1。
2. 锐边去毛刺。

小端盖		数量	比例	材料	图号
		1	1:1	Q235A	
制图					
审核					

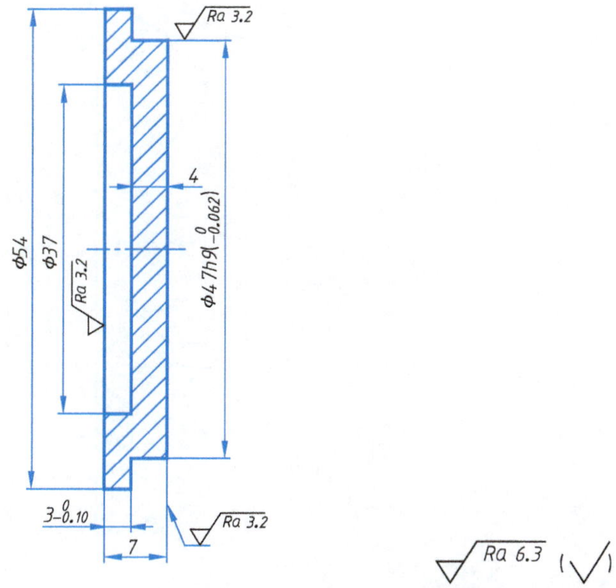

技术要求
锐角倒钝C0.2～C0.5。

小闷盖		数量	比例	材料	图号
		1	2:1	Q235A	
制图					
审核					

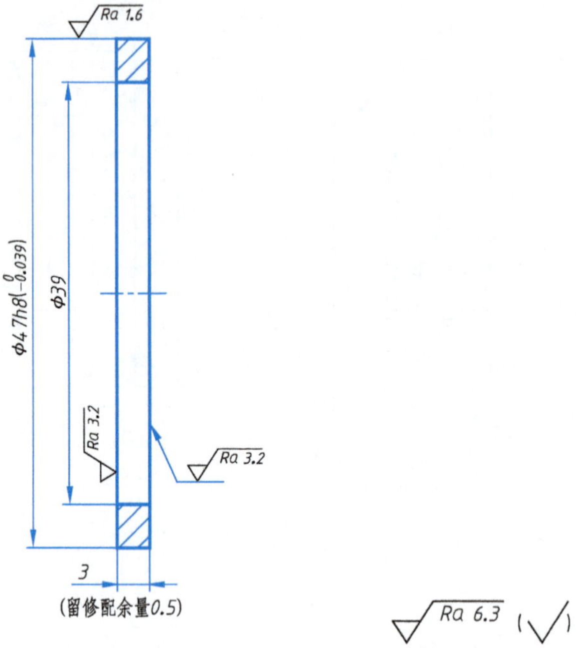

技术要求
锐角倒钝。

小轴调整环			数量	比例	材料	图号
			1	2:1	Q235A	
制图						
审核						

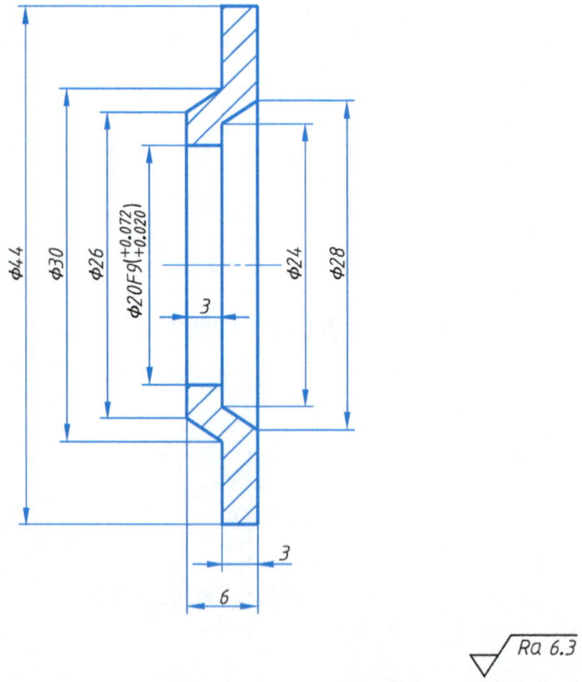

技术要求
锐角倒钝。

挡油环			数量	比例	材料	图号
			2	2:1	Q235A	
制图						
审核						

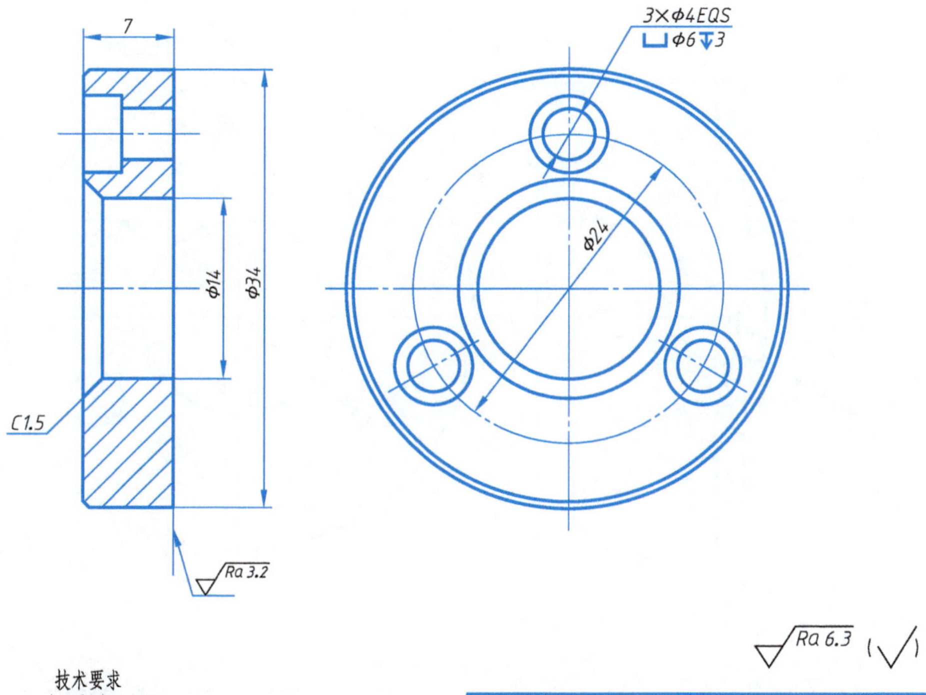

技术要求
1. 未注倒角C0.5。
2. 锐边去毛刺。

压盖		数量	比例	材料	图号
		1	2:1	Q235A	
制图					
审核					

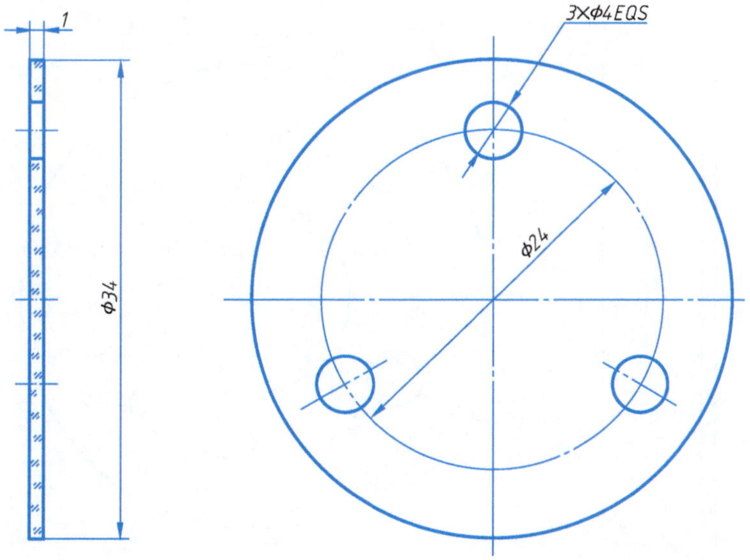

油面镜片		数量	比例	材料	图号
		1	2:1	玻璃	
制图					
审核					

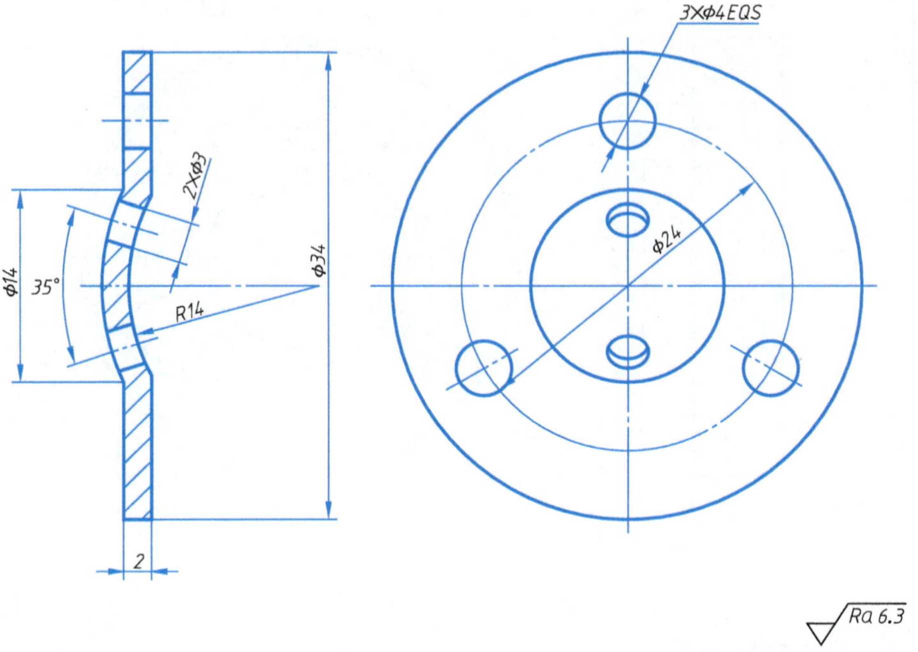

技术要求
锐角倒钝。

透油片		数量	比例	材料	图号
		1	2:1	AL	
制图					
审核					

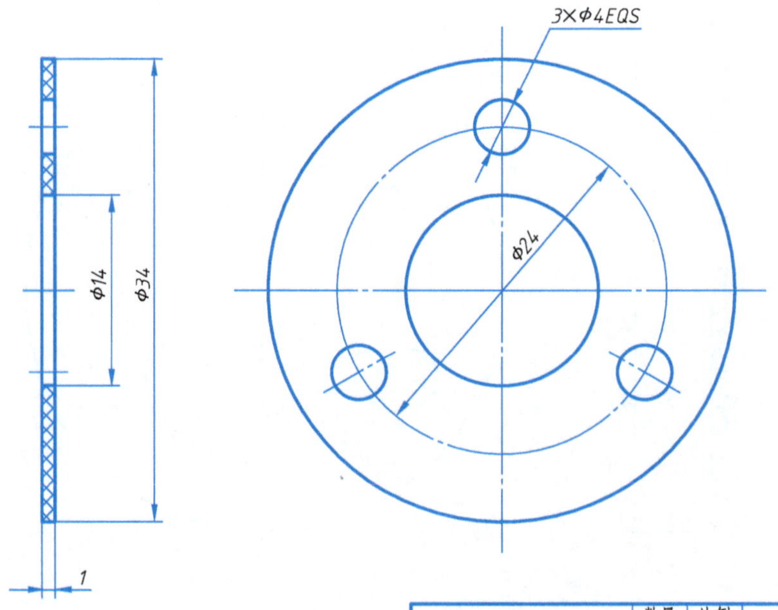

密封垫		数量	比例	材料	图号
		2	2:1	耐油密封纸	
制图					
审核					

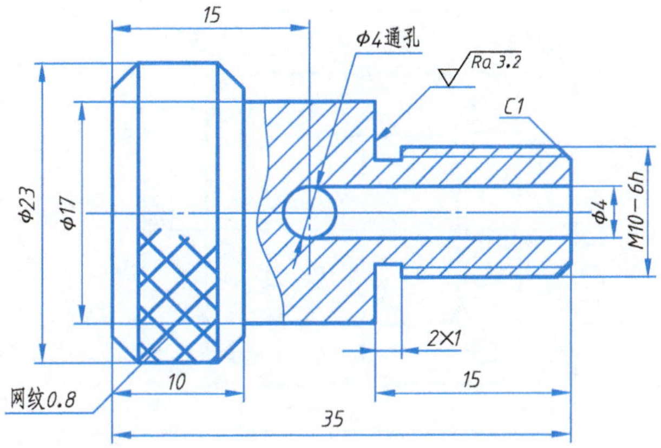

技术要求

1. 未注倒角C2。

2. 锐边去毛刺。

Ra 6.3 (√)

<table>
<tr><td colspan="3" rowspan="2">透气塞</td><td>数量</td><td>比例</td><td>材料</td><td>图号</td></tr>
<tr><td>1</td><td>2:1</td><td>Q235A</td><td></td></tr>
<tr><td>制图</td><td></td><td></td><td colspan="4" rowspan="2"></td></tr>
<tr><td>审核</td><td></td><td></td></tr>
</table>

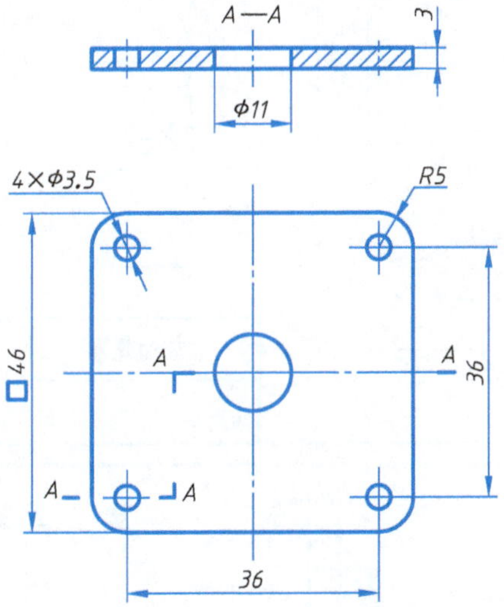

技术要求

锐角倒钝。

Ra 6.3

<table>
<tr><td colspan="3" rowspan="2">视窗盖</td><td>数量</td><td>比例</td><td>材料</td><td>图号</td></tr>
<tr><td>1</td><td>1:1</td><td>Q235A</td><td></td></tr>
<tr><td>制图</td><td></td><td></td><td colspan="4" rowspan="2"></td></tr>
<tr><td>审核</td><td></td><td></td></tr>
</table>

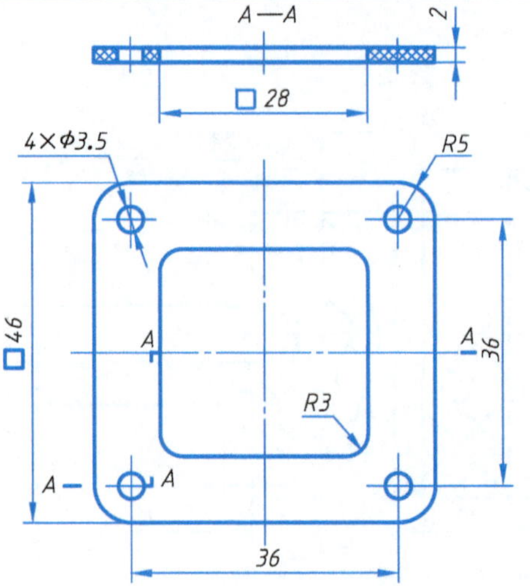

视窗垫片			数量	比例	材料	图号
			1	1:1	耐油密封纸	
制图						
审核						

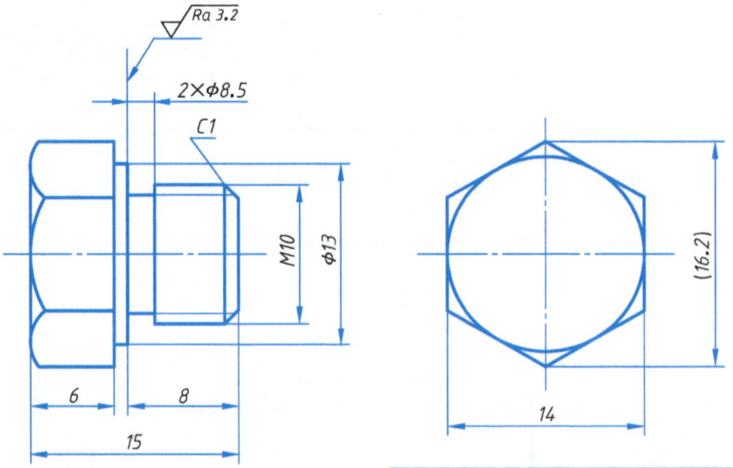

技术要求

锐角倒钝。

Ra 6.3 (√)

放油螺塞			数量	比例	材料	图号
			1	2:1	Q235A	
制图						
审核						

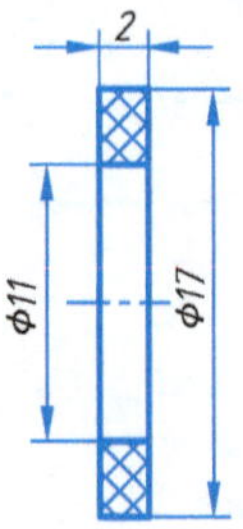

纸封油圈			数量	比例	材料	图号
			1	4:1		
制图						
审核						

任务二　绘制减速器装配图

一、工作任务

根据减速器装配示意图和零件图绘制减速器装配图。标准件见如下明细表。

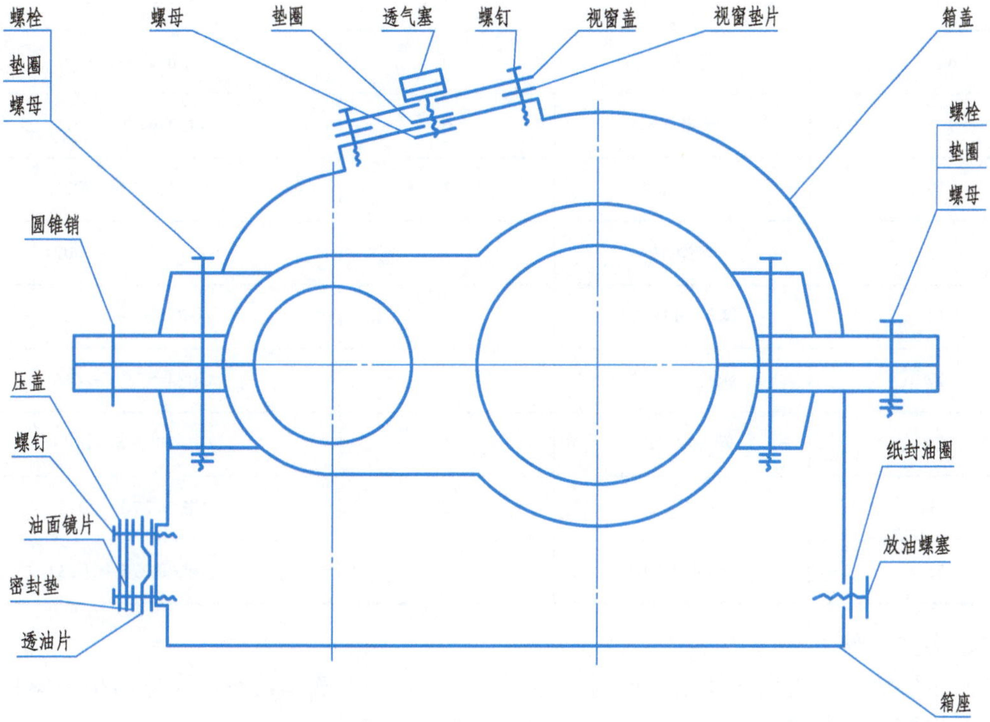

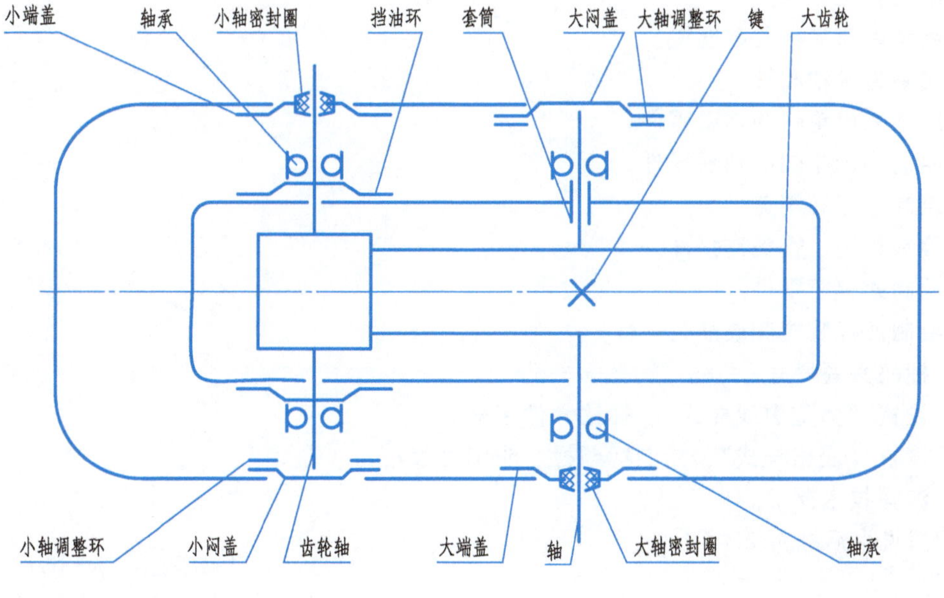

减速器标准件明细表

序号	名称	数量	标准代号
4	螺钉 M3×14	3	GB/T 65—2016
6	圆锥销 3×16	2	GB/T 117—2000
7	螺栓 M8×65	4	GB/T 5780—2016
8、18	垫圈 8	6	GB 93—1987
9、19	螺母 M8	6	GB/T 6170—2015
10	螺母 M10	1	GB/T 6170—2015
11	垫圈 10	1	GB/T 97. 1—2002
13	螺钉 M3×10	4	GB/T 67—2016
17	螺栓 M8×25	2	GB/T 5780—2016
25	键 10×8×22	1	GB/T 1096—2003
29	轴承 6204	2	GB/T 276—2013
36	轴承 6206	2	GB/T 276—2013

二、实施步骤

先画主要零件，由内向外逐个绘制出各个零件的视图，逐步绘制出主体结构与零件细节，以及各种连接件（如螺钉、销、螺栓、螺母、垫圈、键等）。

若在任务一中绘制好了零件图，则复制、插入零件图，拼画装配图即可。

1）确定表达方案。

2）绘制齿轮啮合及键连接。

3）绘制齿轮轴和轴。

4）绘制大齿轮轴的轴系零件。

5）绘制小齿轮轴的轴系零件。

6）绘制箱座和箱盖。

7）绘制箱座、箱盖连接件。

8）绘制透视窗零件。

9）绘制油标装置和放油孔零件。

10）标注必要尺寸。

11）设置“多重引线样式”，标注零件序号。

12）设置“表格样式”，绘制标题栏、明细栏表格。

13）注写技术要求。

装配图见书后插页 2。

实训五　绘制冲压模具图样

任务一　绘制落料模零件图

一、工作任务

看懂图样，绘制落料模零件图（10 幅）。

二、实施步骤

1）设置绘图环境。

2）绘制零件视图（注意绘图方法和步骤）。

3）标注尺寸和公差。

4）标注几何公差。

5）定义属性、创建块，标注表面粗糙度。

6）绘制图框；设置表格样式，绘制标题栏表格。

7）注写技术要求。

注意：按顺序分别完成各个零件图。

三、图样要求

1）线型合格，图形正确。

2）尺寸完整，字体合规。

3）文字高度、表面粗糙度代号、尺寸箭头设置协调。

4）技术要求注写正确。

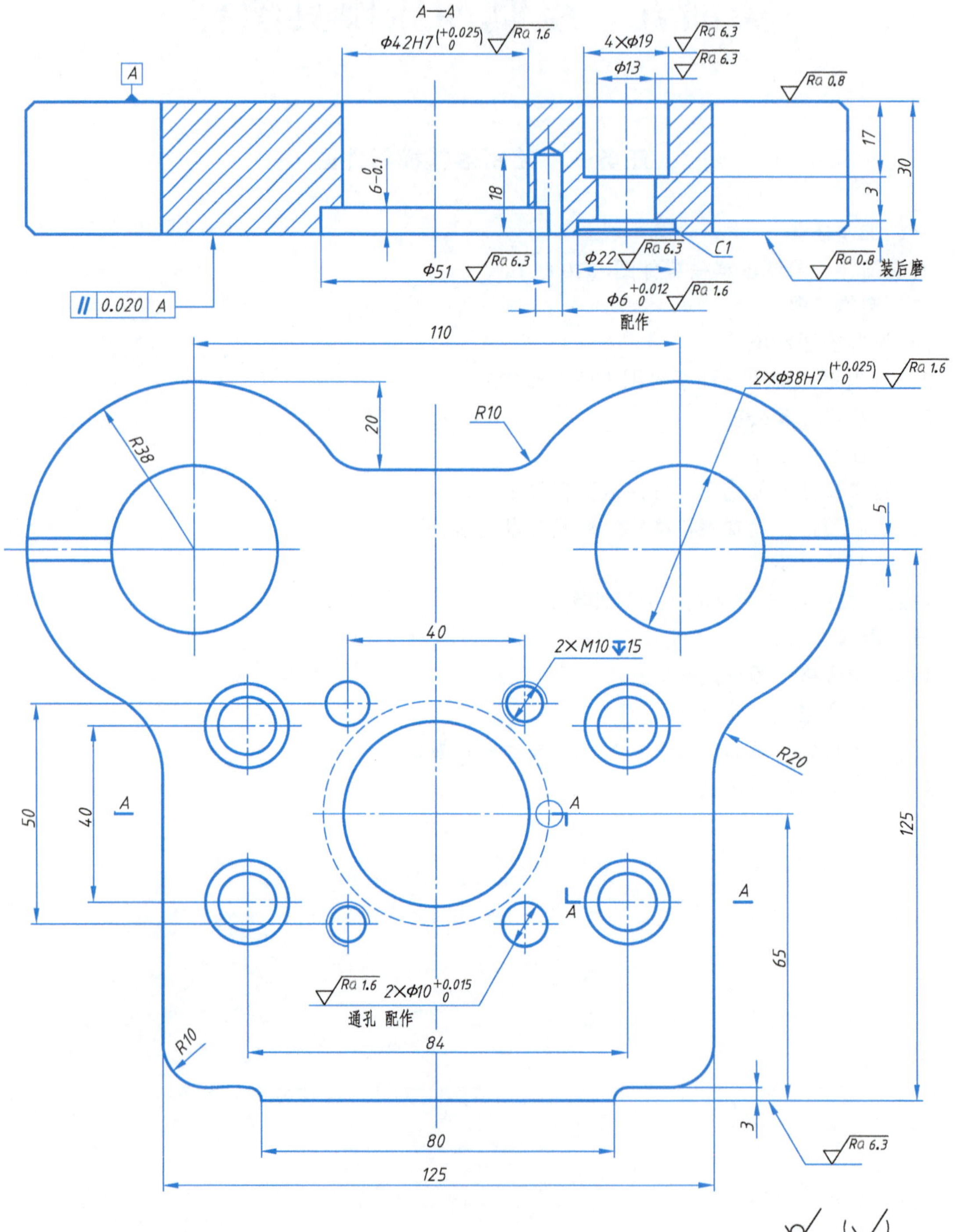

技术要求

1. 锐角倒钝。
2. 未注倒角C2。
3. 铸件经时效处理。

上模座	比例	数量	材料	图号
	1:1	1	HT250	
制图				
审核				

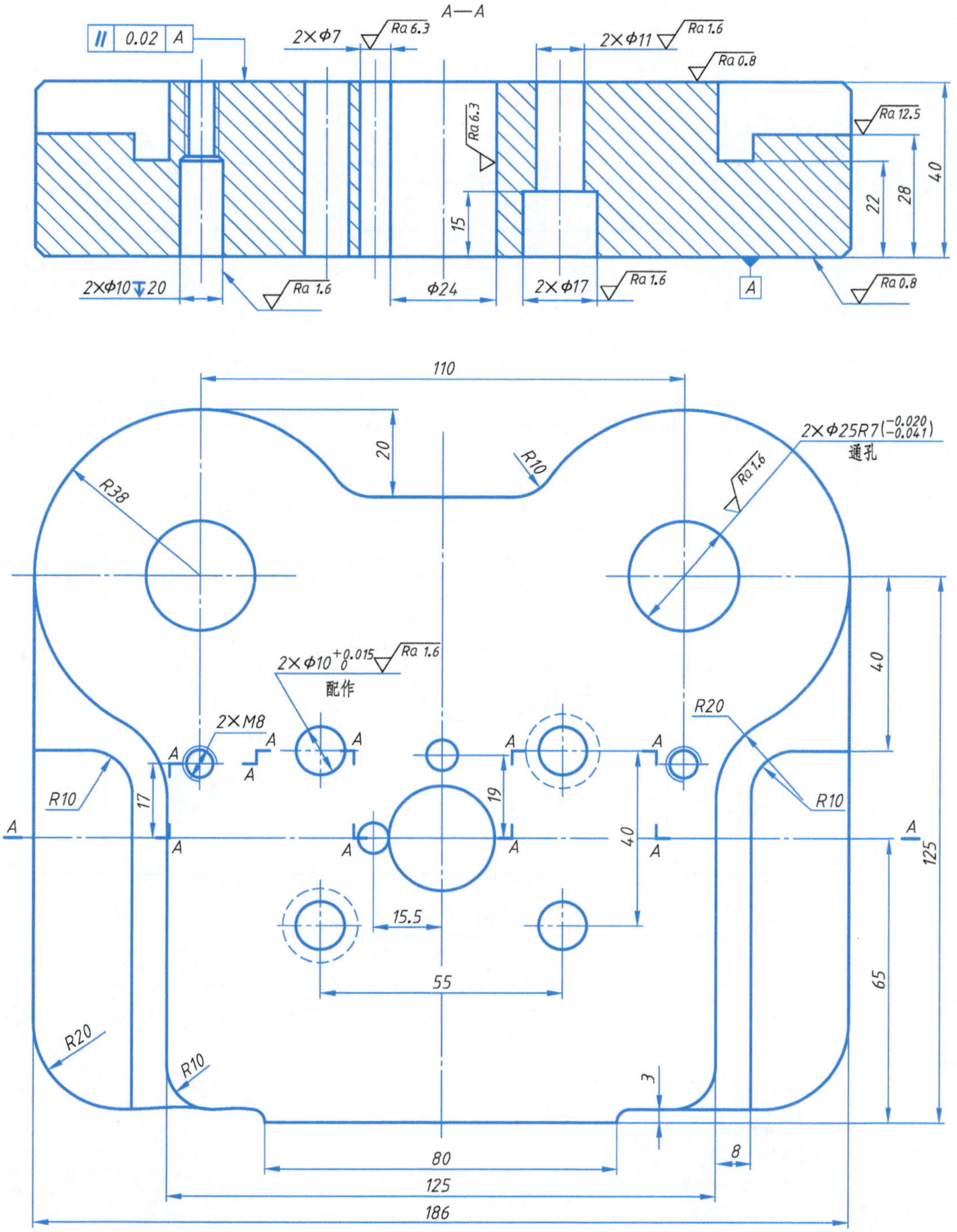

技术要求

1. 锐角倒钝。
2. 未注倒角C2。
3. 铸件经时效处理。

下模座	比例	数量	材料	图号
	1:1	1	HT250	
制图				
审核				

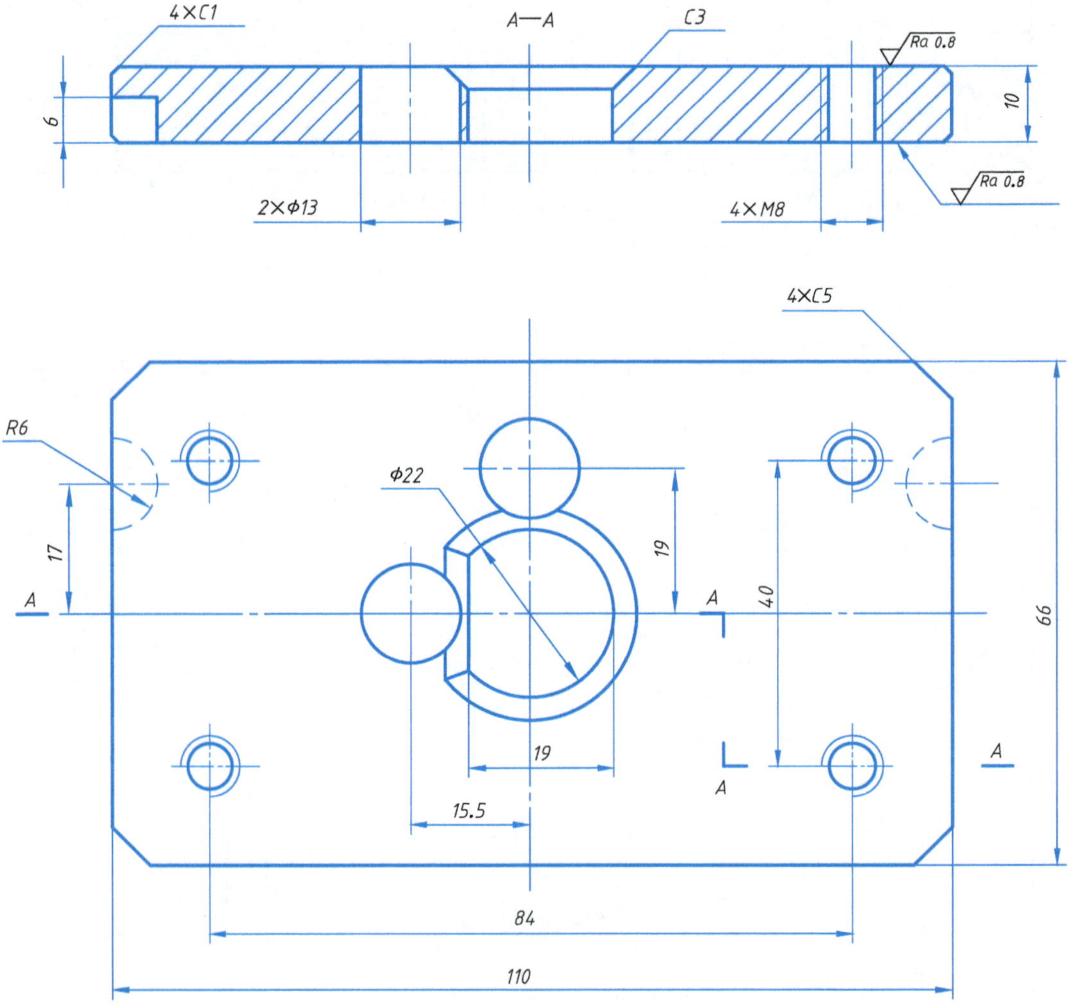

技术要求

1. 锐角倒钝。

2. 热处理43～48HRC。

Ra 6.3 (√)

卸料板			比例	数量	材料	图号
			1:1	1	45	
制图						
审核						

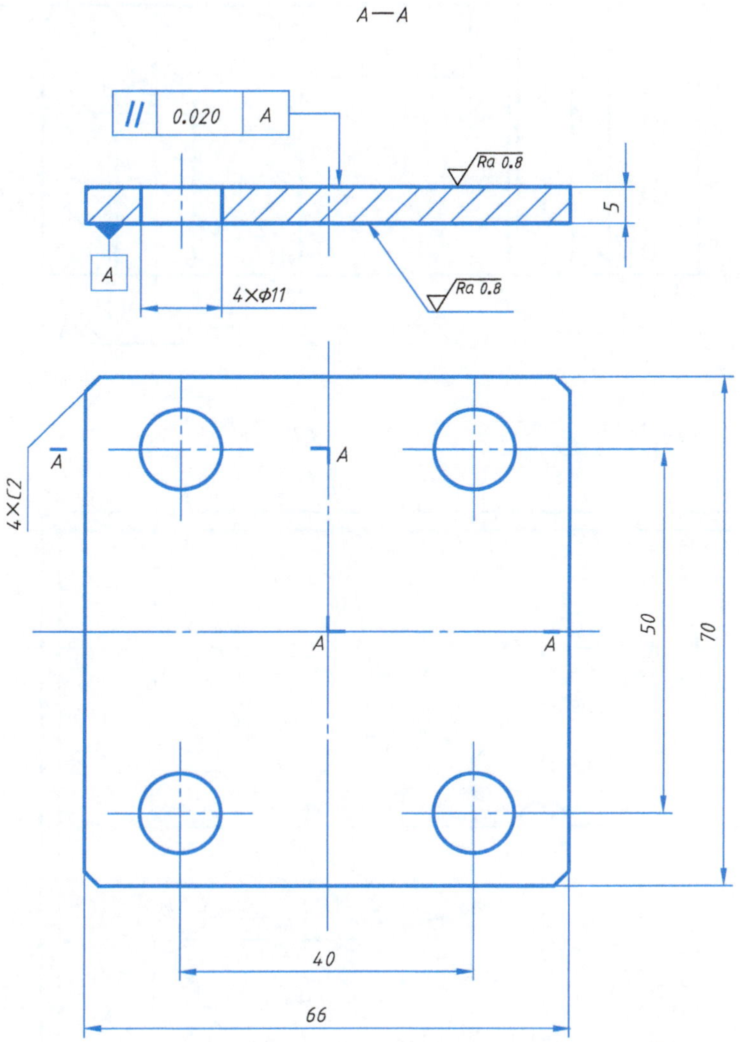

技术要求

1. 锐角倒钝。
2. 热处理 43～48HRC。

Ra 6.3 (√)

垫板			比例	数量	材料	图号
			1:1	1	45	
制图						
审核						

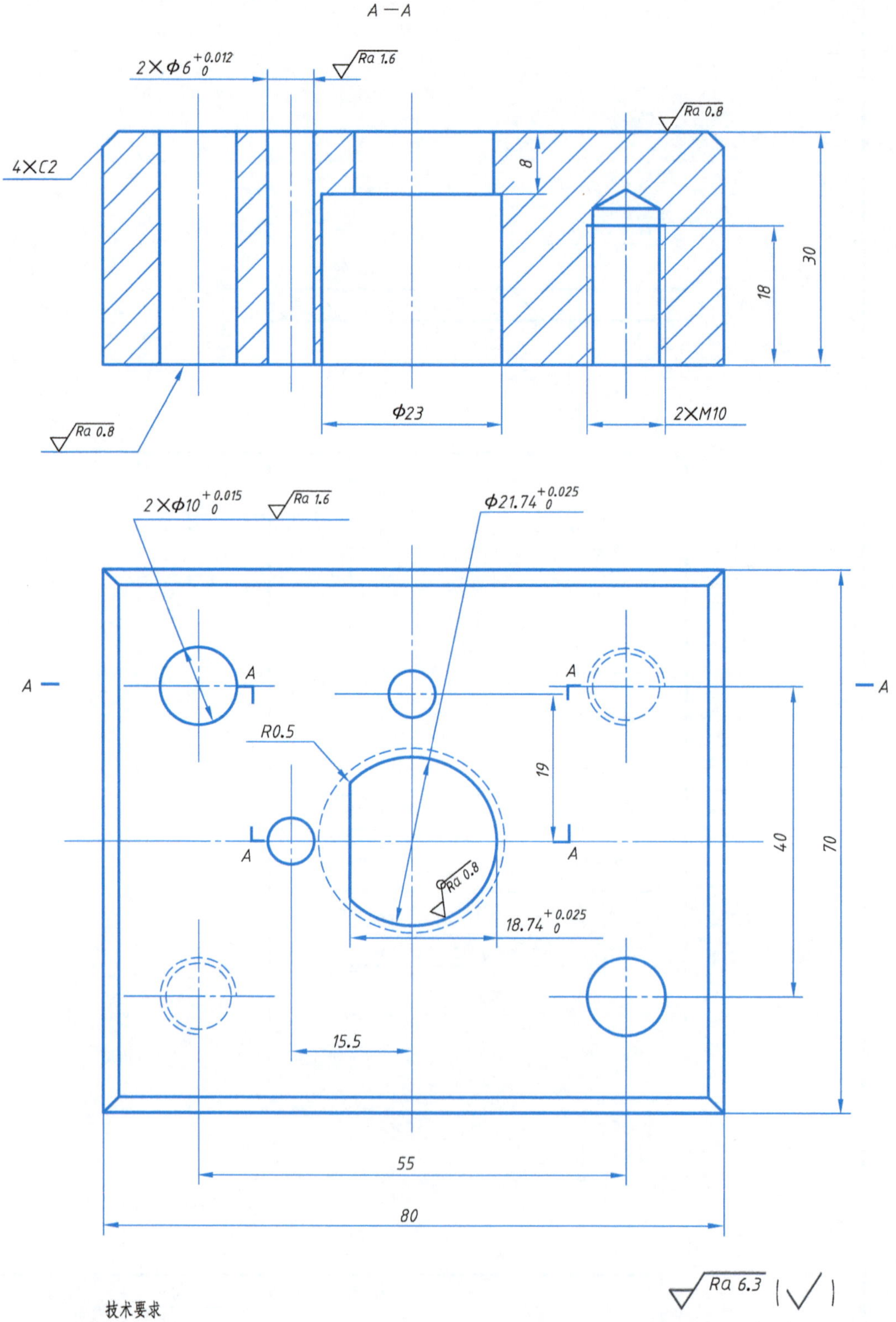

技术要求

1. 锐角倒钝。
2. 热处理60～64HRC。

凹模	比例	数量	材料	图号
	1:1	1	T10A	
制图				
审核				

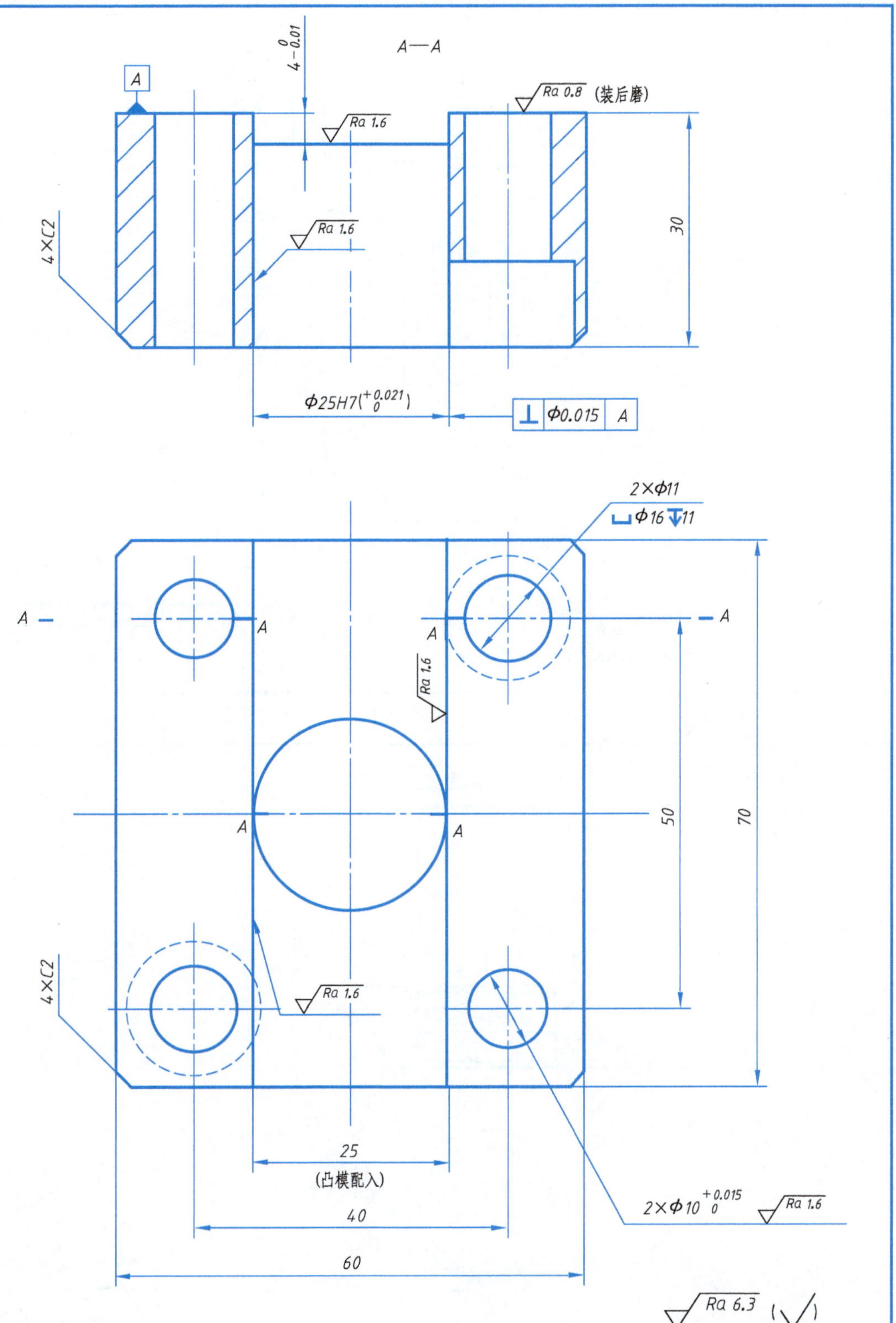

技术要求

1. 锐角倒钝。
2. 热处理 43 ~48HRC。

凸模固定板		比例	数量	材料	图号
		1:1	1	45	
制图					
审核					

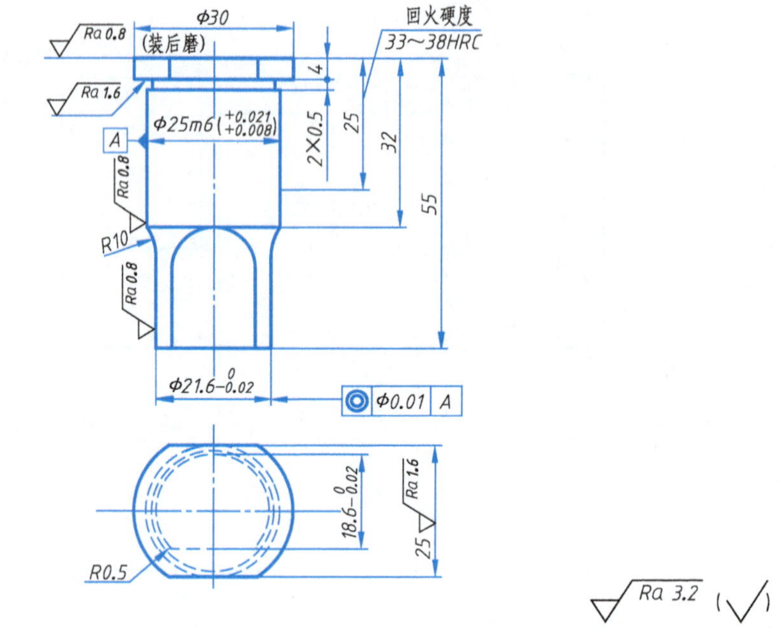

技术要求
1.锐角倒钝。
2.热处理 58~62HRC。

凸模	比例	数量	材料	图号
	1:1	1	T10A	
制图				
审核				

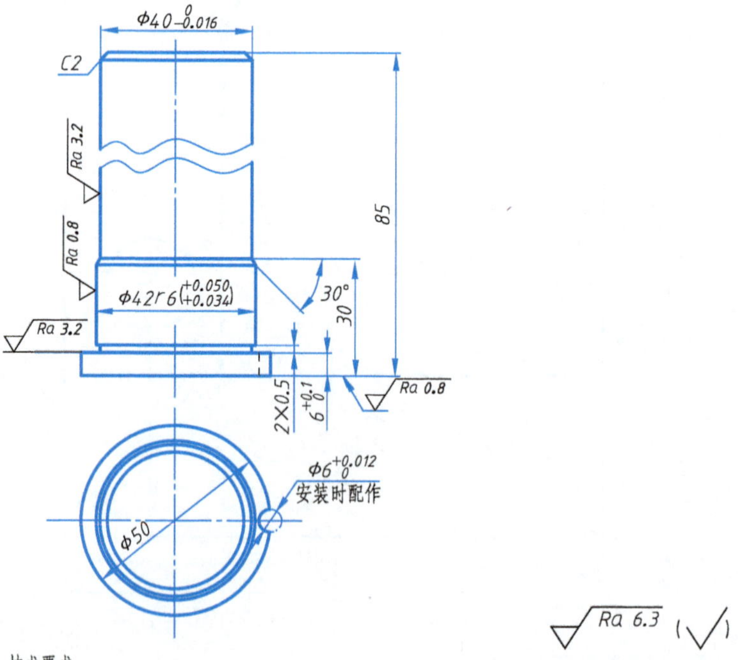

技术要求
锐角倒钝。

模柄	比例	数量	材料	图号
	1:1	1	45	
制图				
审核				

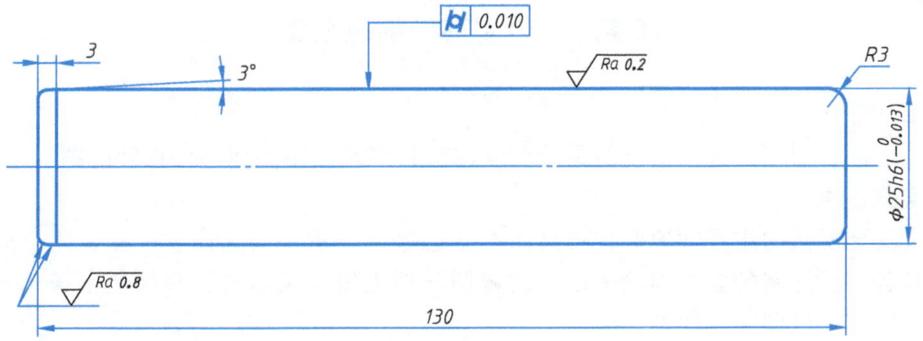

技术要求

1. 允许保留中心孔。
2. 渗碳深度0.2～1.2，硬度56～60HRC。

Ra 3.2 (√)

导柱	比例	数量	材料	图号
	1:1	2	20	
制图				
审核				

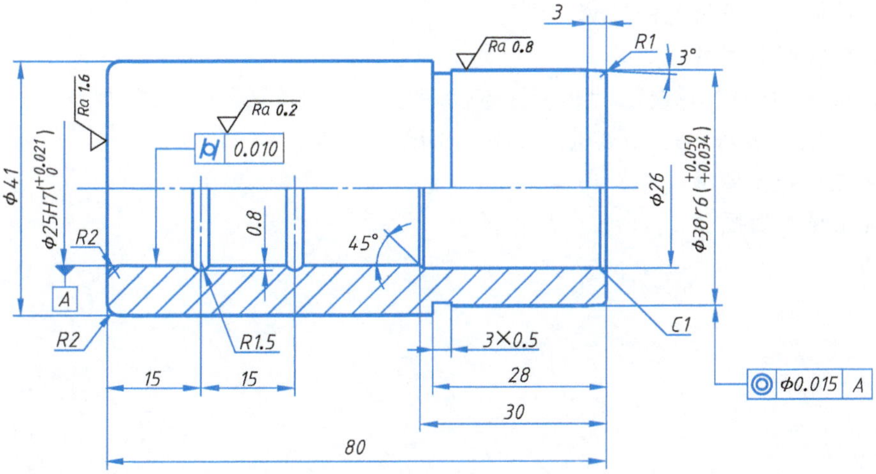

技术要求

1. 锐边去毛刺。
2. 渗碳深度0.2～1.2，硬度60～64HRC。

Ra 3.2 (√)

导套	比例	数量	材料	图号
	1:1	2	20	
制图				
审核				

任务二　绘制落料模装配图

一、工作任务

看懂装配图，根据任务一给出的零件图绘制落料模装配图。标准件见装配图明细栏。

二、实施步骤

冲压模具装配图的主视图通常按模具闭合状态绘制，重点表达凸、凹模在闭合时的工作状态及模具各零件之间的装配连接关系。俯视图习惯上按开模状态，只绘制下模部分。装配图的右上方配有工件图和排样图。

一般沿着装配主线，由内向外，按工件、凸模、凹模的顺序绘制，逐个绘制零件，以及各零件之间的装配连接关系（如螺钉、销、螺栓、螺母等）。

若在任务一中绘制好了零件图，则复制、插入零件图，拼画装配图即可。

1）确定表达方案。

2）绘制凸模、凹模和工件条料。

3）绘制下模座。

4）绘制凹模与下模座定位、连接件的销和螺钉。

5）绘制工件条料的挡料销、挡料螺栓及螺母。

6）绘制凸模固定板和垫板。

7）绘制上模座。

8）绘制上模部分的定位、连接件。

9）绘制卸料板、卸料螺钉、弹簧。

10）绘制上、下模座的导套、导柱。

11）标注必要尺寸。

12）设置“多重引线样式”，标注零件序号。

13）设置“表格样式”，绘制标题栏、明细栏表格。

14）注写技术要求。

装配图见书后插页 3。

实训六　绘制塑料模图样

任务一　绘制注射模零件图

一、工作任务

看懂图样，绘制注射模零件图（21 幅）。

二、实施步骤

1）设置绘图环境。

2）绘制零件视图（注意绘图方法和步骤）。

3）标注尺寸和公差。

4）标注几何公差。

5）定义属性、创建块，标注表面粗糙度。

6）绘制图框；设置表格样式，绘制标题栏表格。

7）注写文字及技术要求。

注意：按顺序分别完成各个零件图。

三、图样要求

1）线型合格，图形正确。

2）尺寸完整，字体合规。

3）文字高度、表面粗糙度代号、尺寸箭头设置协调。

4）技术要求注写正确。

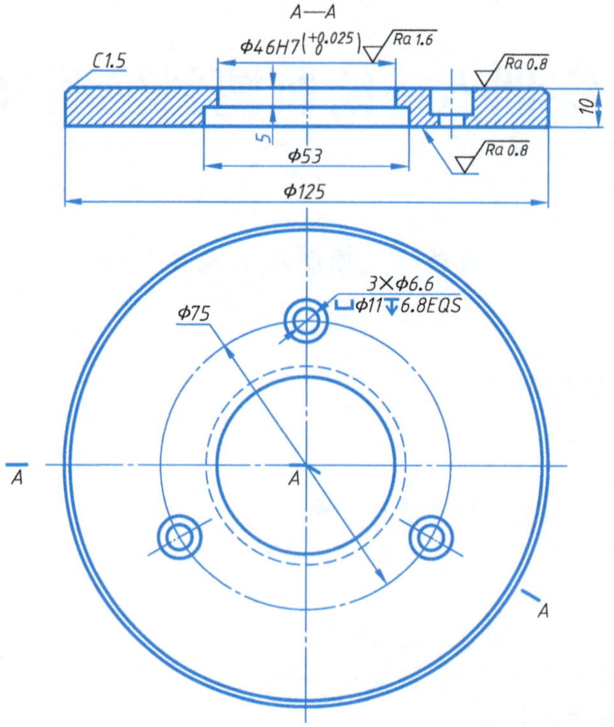

技术要求
1. 锐角倒钝。
2. 热处理230～270HBW。

Ra 6.3 (√)

定位圈		比例	数量	材料	图号
		1:1	1	45	
制图					
审核					

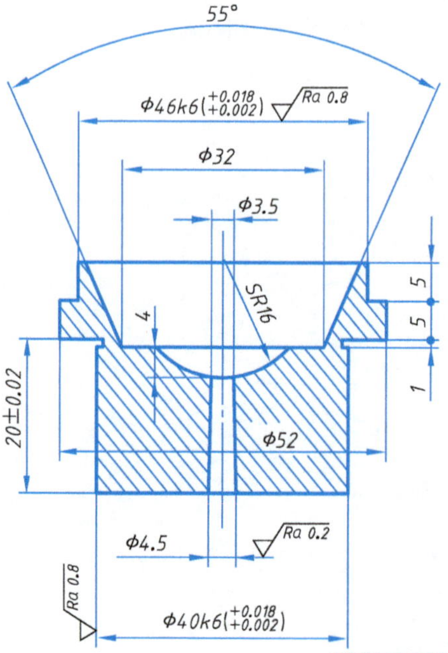

技术要求
1. 锐角倒钝。
2. 热处理46～50HRC。

Ra 6.3 (√)

浇口套		比例	数量	材料	图号
		1:1	1	T10A	
制图					
审核					

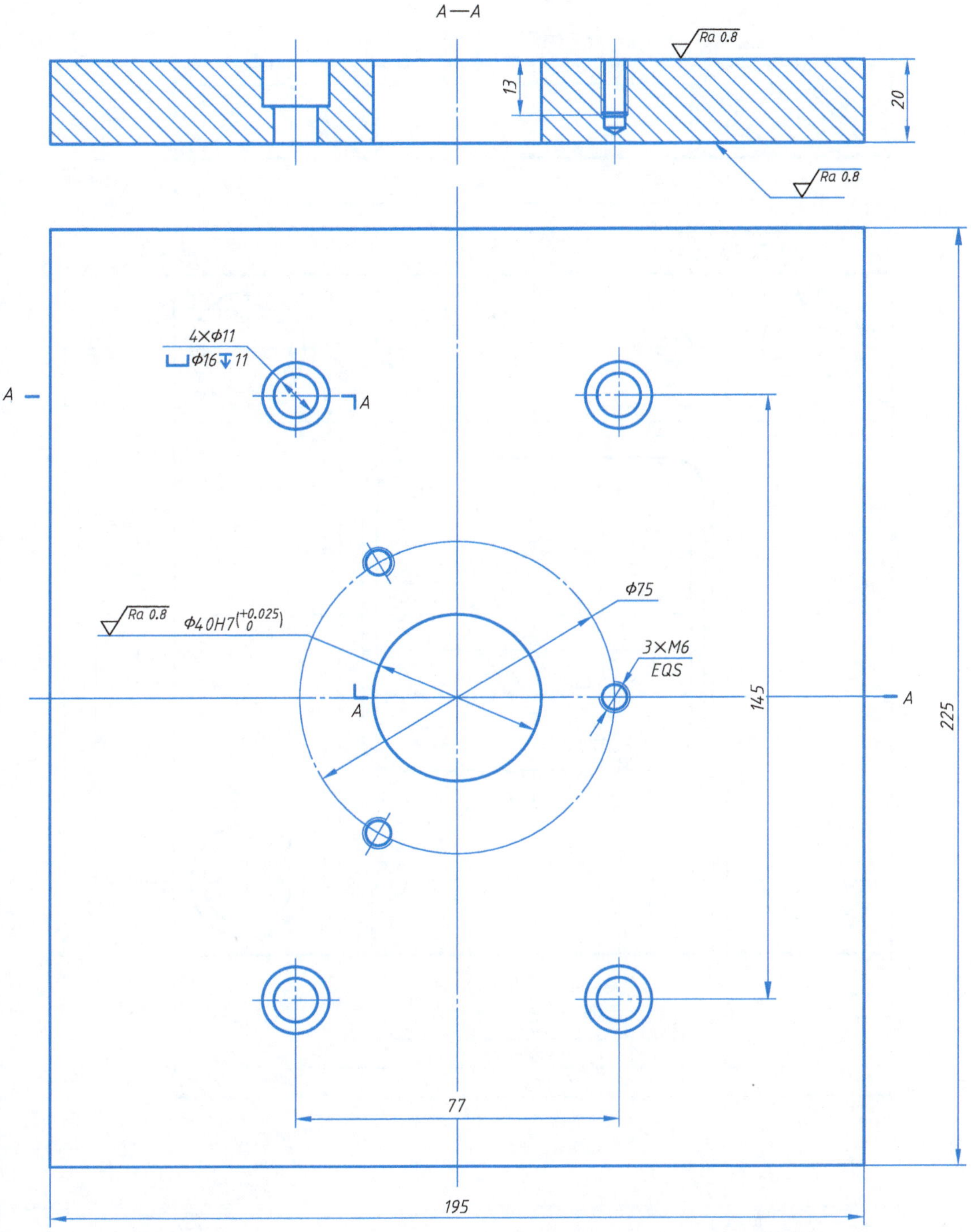

Ra 6.3 (√)

技术要求

1. 锐角倒钝。
2. 热处理230～270HBW。
3. 上、下平面平行度公差为0.04。

定模座板	比例	数量	材料	图号
	1:1	1	45	
制图				
审核				

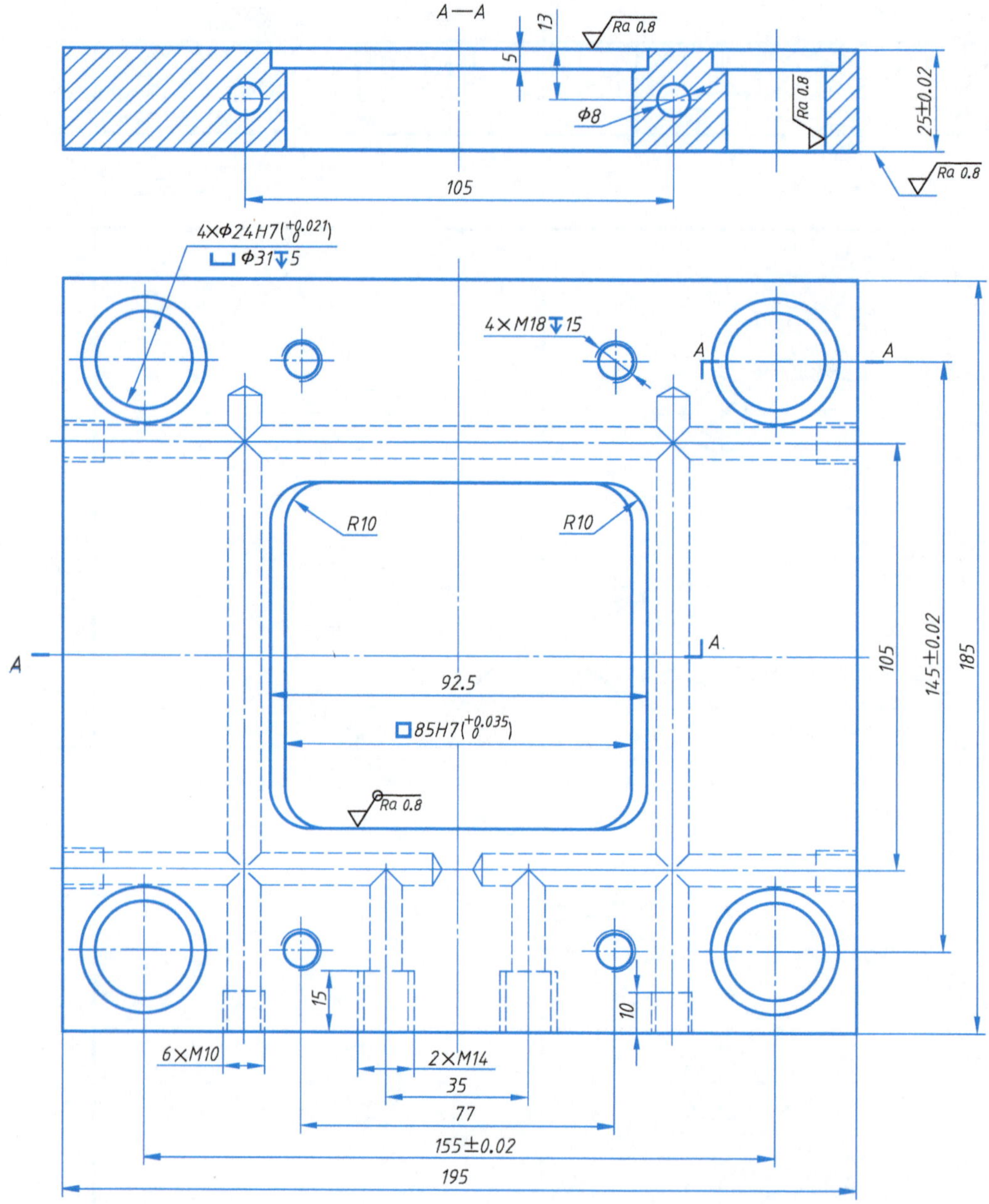

Ra 6.3 (√)

技术要求

1. 锐角倒钝。
2. 热处理230～270HBW。
3. 上、下平面平行度公差为0.04。

定模板	比例	数量	材料	图号
	1:1	1	45	
制图				
审核				

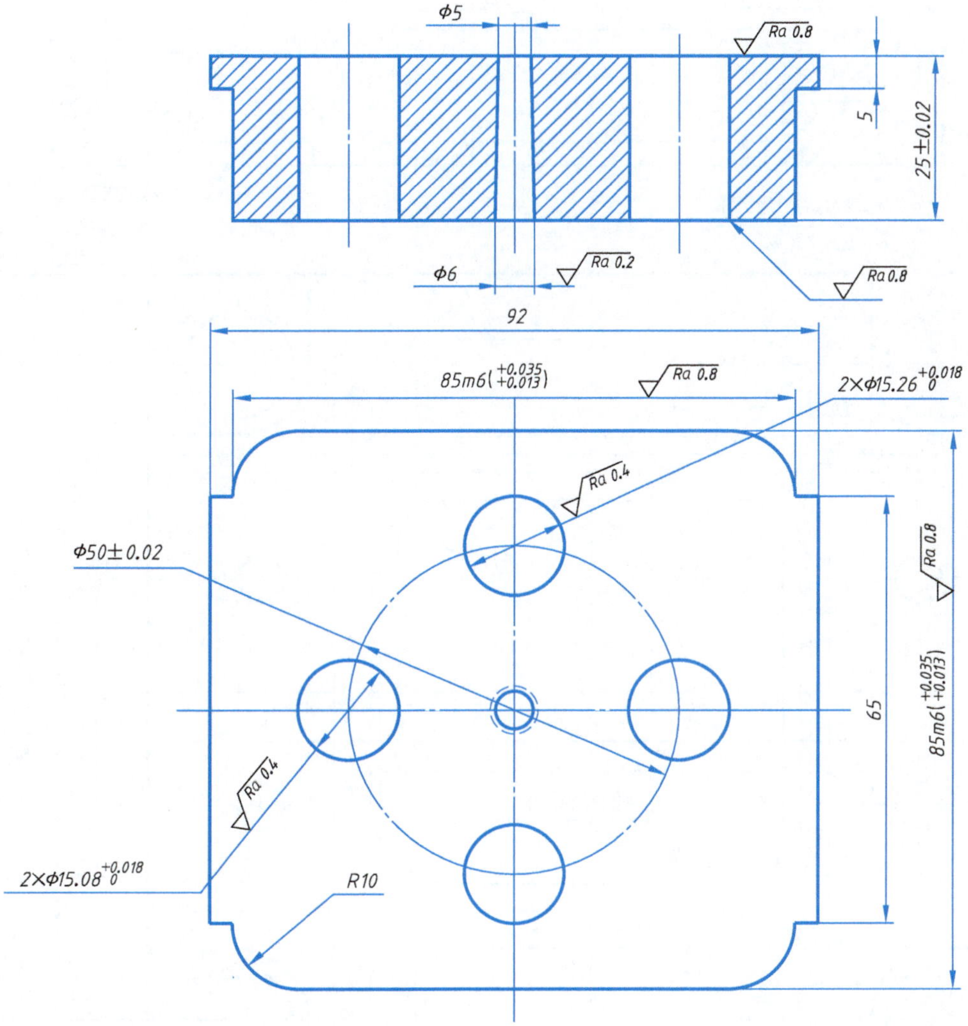

技术要求

1. 锐角倒钝。
2. 热处理46～50HRC。
3. 上、下平面平行度公差为0.02。

Ra 3.2 (√)

定模镶件	比例	数量	材料	图号
	1:1	1	P20	
制图				
审核				

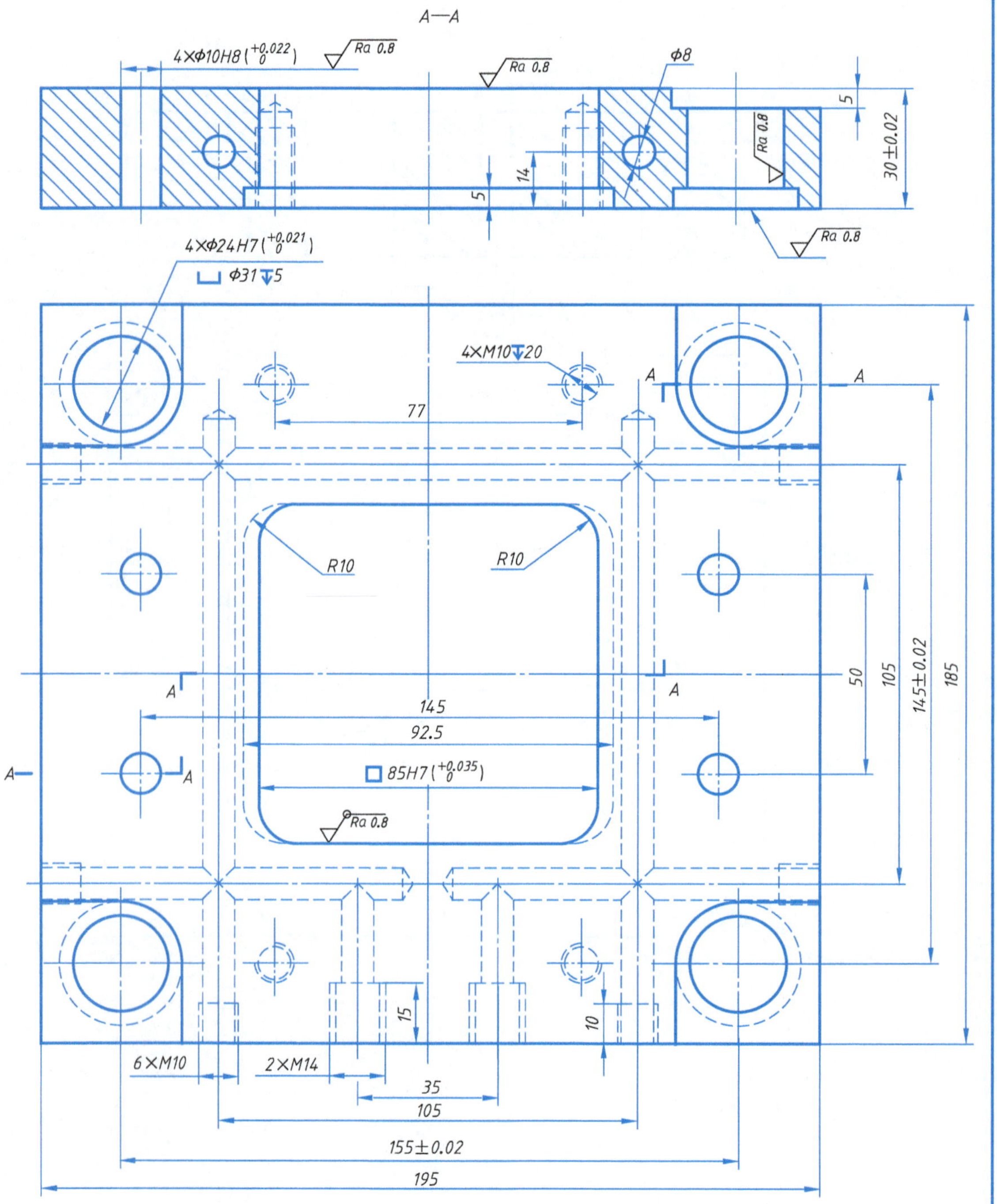

Ra 6.3 (√)

技术要求

1. 锐角倒钝。
2. 热处理230～270HBW。
3. 上、下平面平行度公差为0.04。

动模板		比例	数量	材料	图号
		1:1	1	45	
制图					
审核					

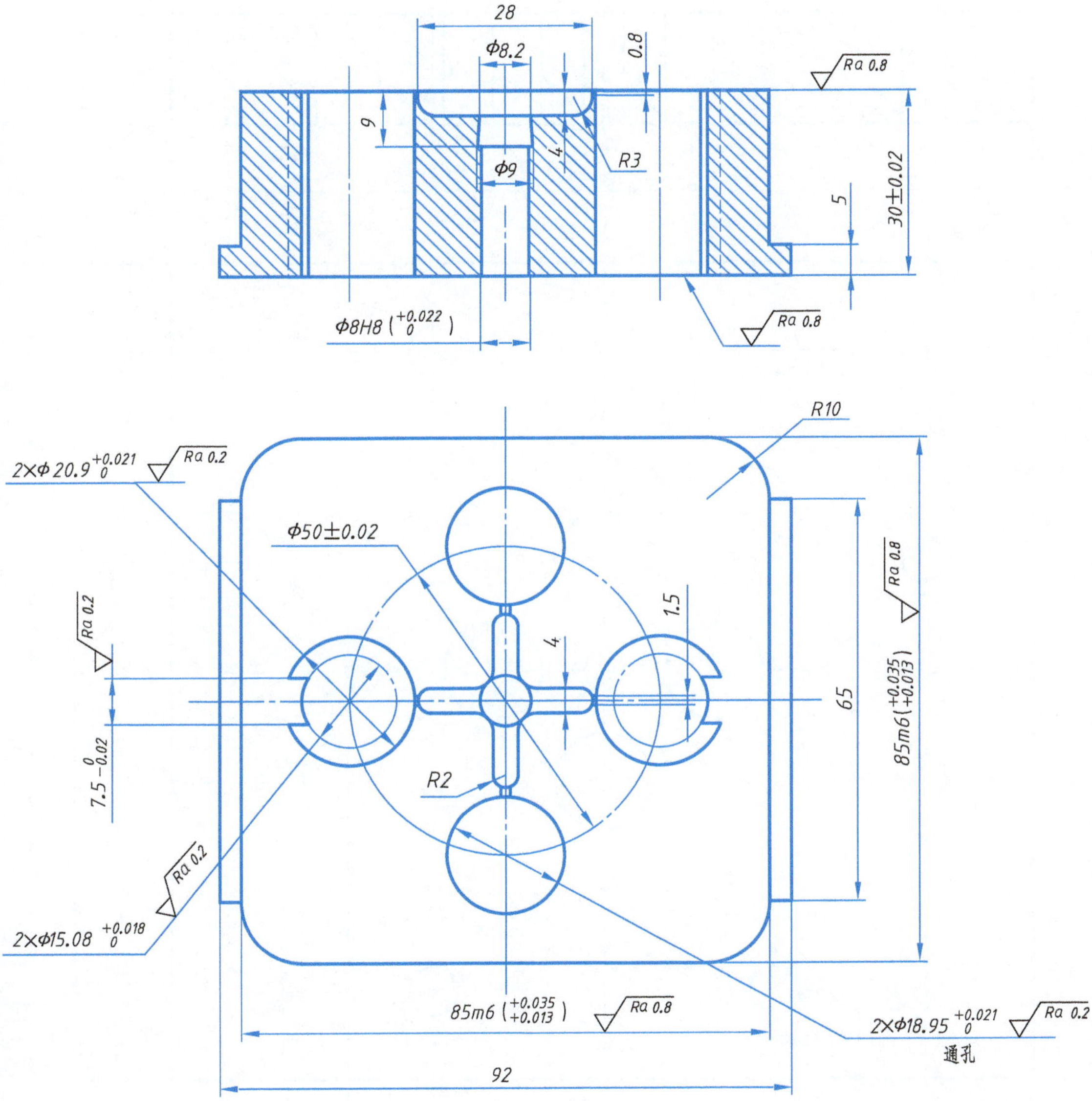

技术要求

1. 锐角倒钝。
2. 热处理46～50HRC。
3. 上、下平面平行度公差为0.02。
4. 流道及浇口表面粗糙度 Ra0.2μm。

Ra 3.2 (√)

动模镶件		比例	数量	材料	图号
		1:1	1	P20	
制图					
审核					

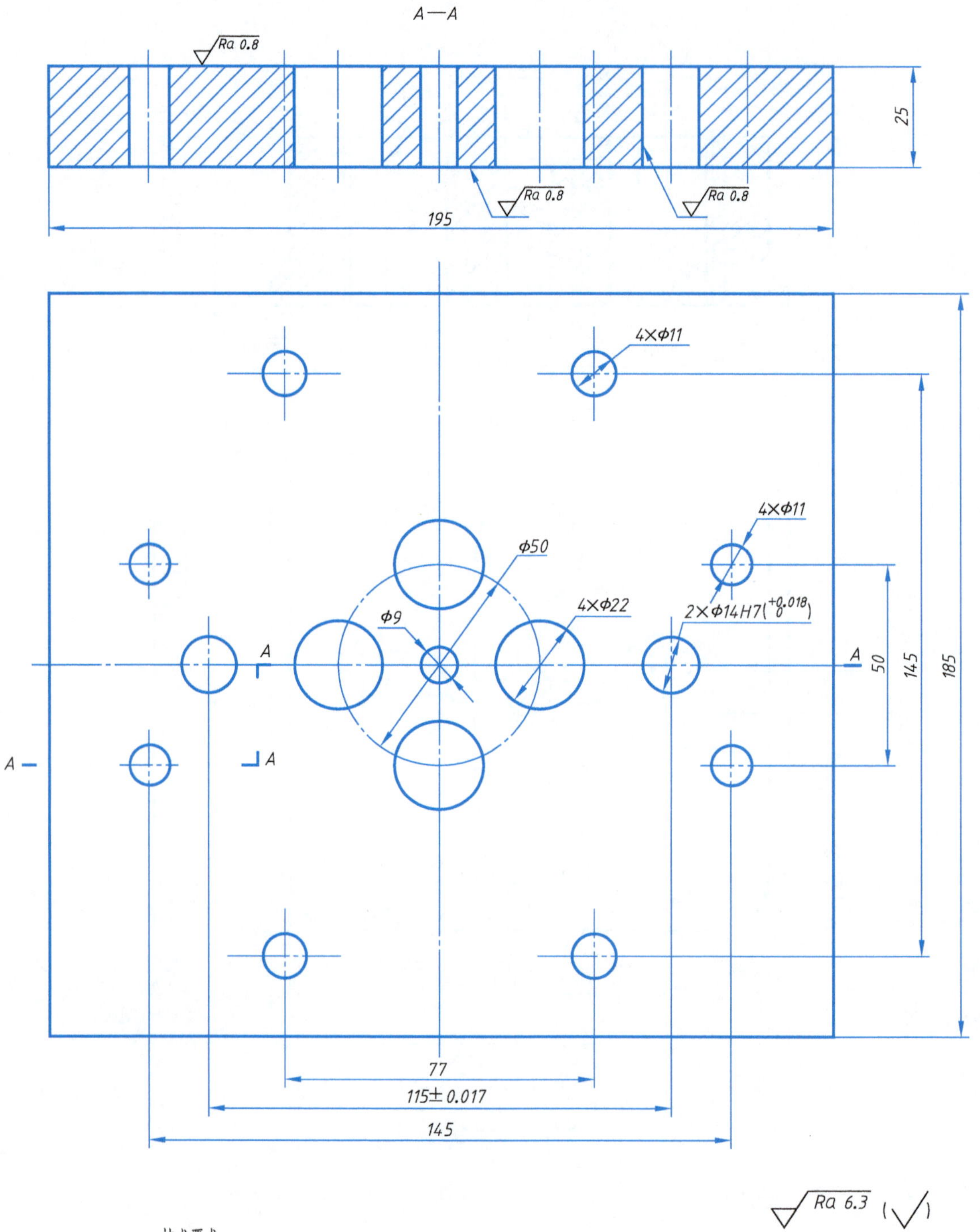

技术要求

1.锐角倒钝。

2.热处理 230～270HBW。

3.上、下平面平行度公差为0.04。

支承板		比例	数量	材料	图号
		1:1	1	45	
制图					
审核					

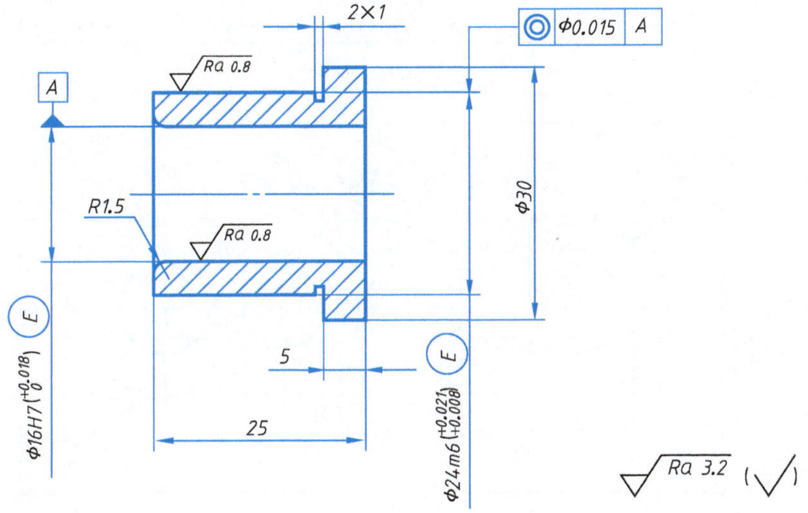

技术要求

1. 锐角倒钝。
2. 热处理54～58HRC。

导套			比例	数量	材料	图号
			1:1	4	T10A	
制图						
审核						

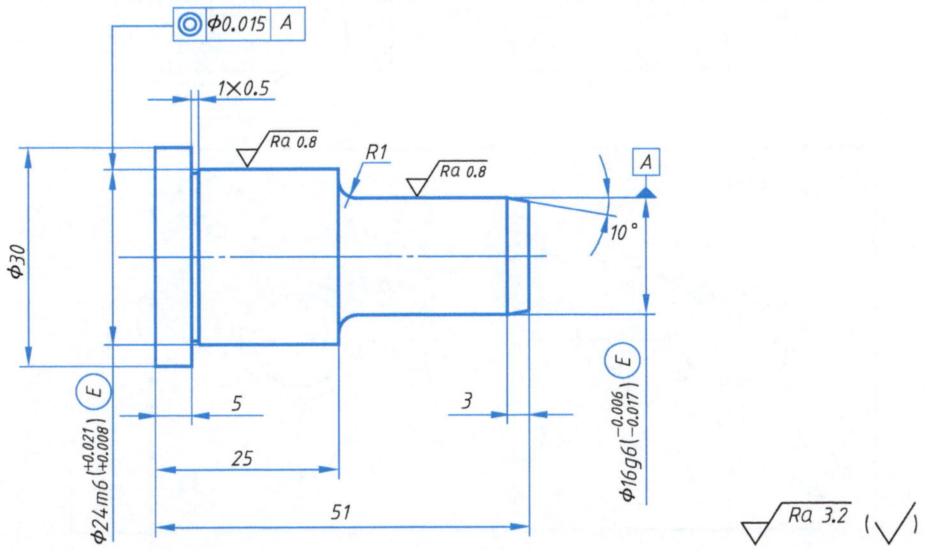

技术要求

1. 锐角倒钝。
2. 热处理52～56HRC。

导柱			比例	数量	材料	图号
			1:1	4	T10A	
制图						
审核						

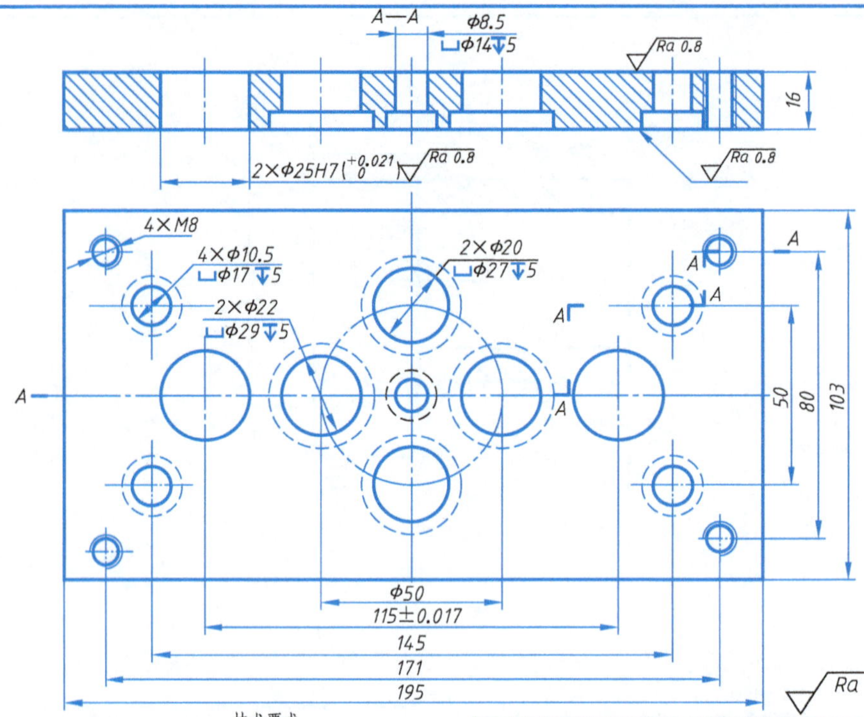

技术要求

1. 锐角倒钝。
2. 热处理 230～270HBW。
3. 上、下平面平行度公差为 0.04。

推杆固定板		比例	数量	材料	图号
		1:1	1	45	
制图					
审核					

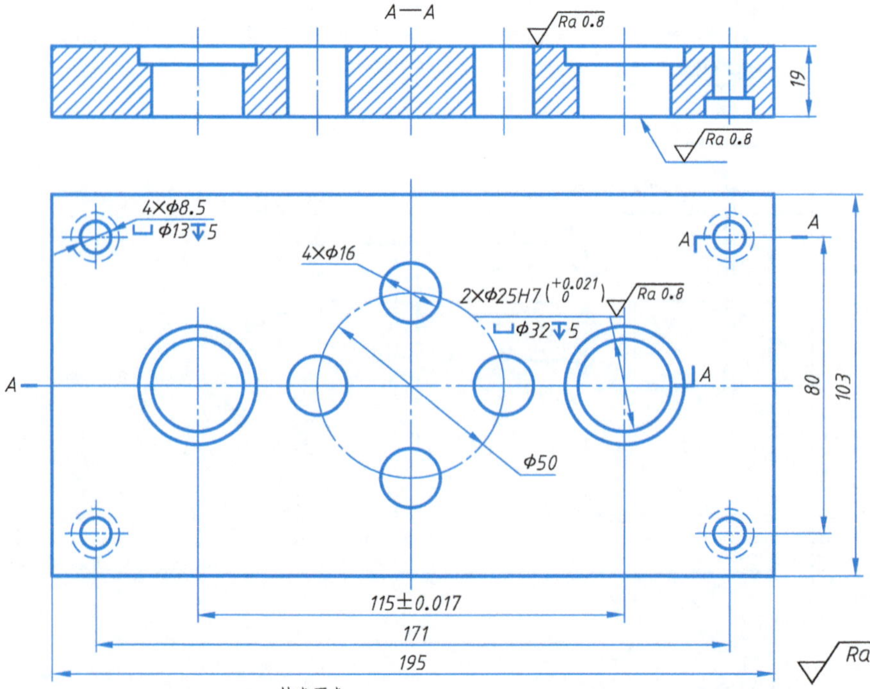

技术要求

1. 锐角倒钝。
2. 热处理 230 ～270HBW。
3. 上、下平面平行度公差为 0.04。

推板		比例	数量	材料	图号
		1:1	1	45	
制图					
审核					

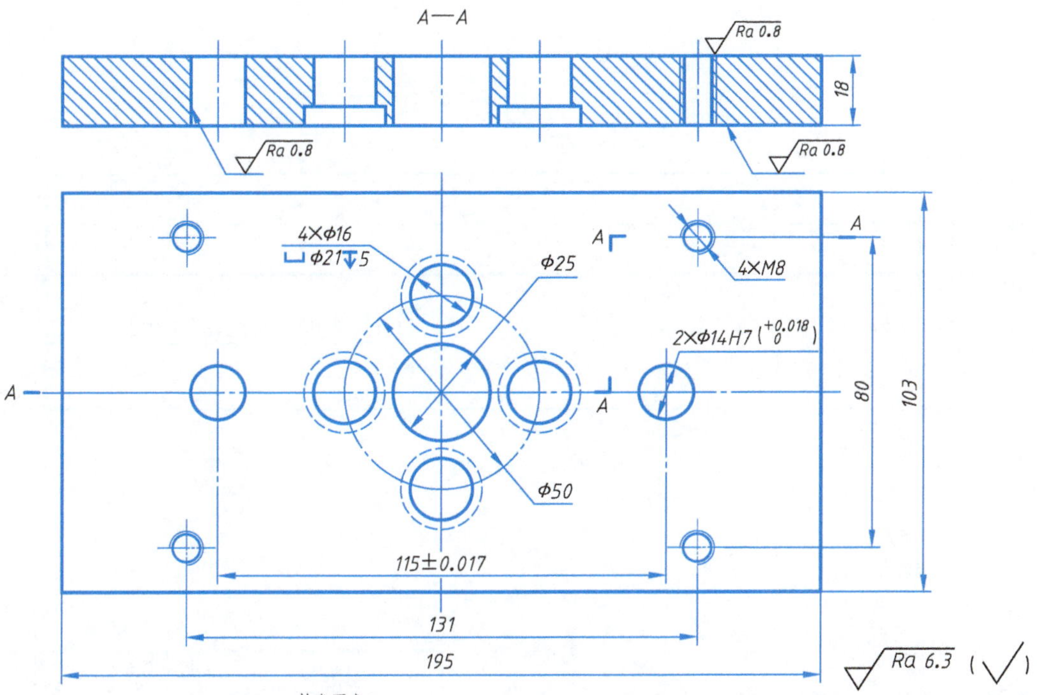

Ra 6.3 (√)

技术要求
1. 锐角倒钝。
2. 热处理 230～270HBW。
3. 上、下平面平行度公差为 0.04。

型芯固定板		比例	数量	材料	图号
		1:1	1	45	
制图					
审核					

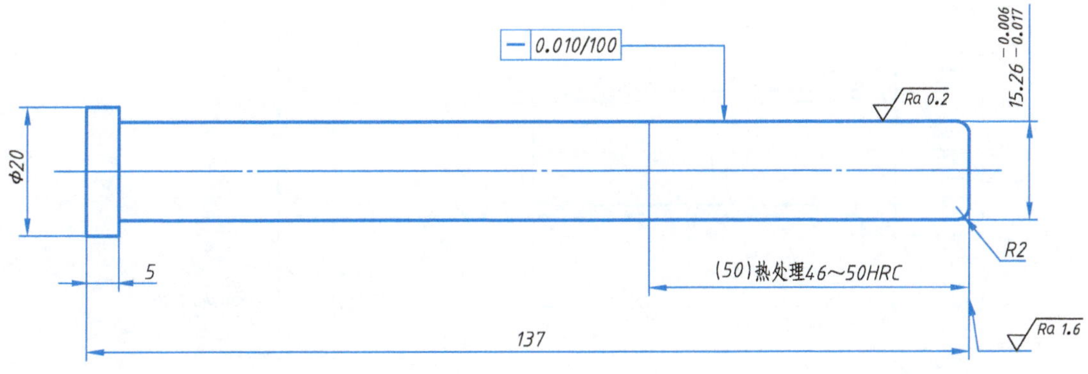

技术要求
锐角倒钝。

Ra 3.2 (√)

型芯I		比例	数量	材料	图号
		1:1	2	P20	
制图					
审核					

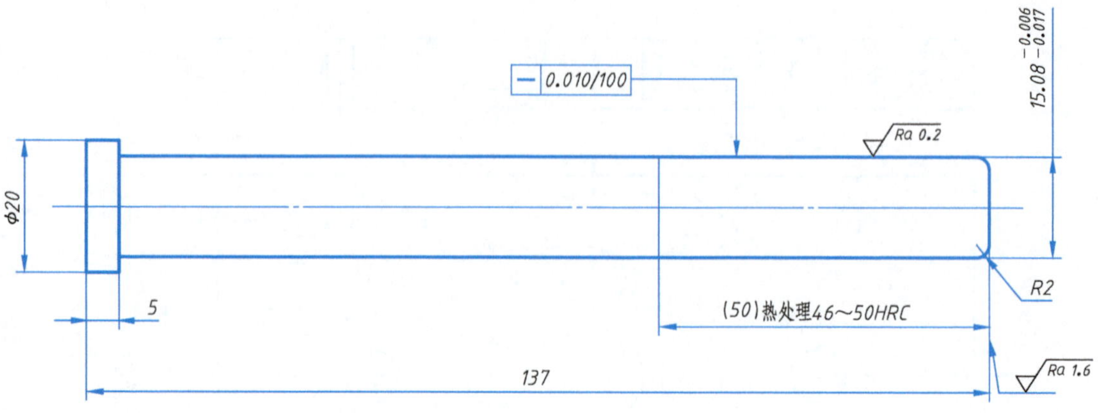

技术要求
锐角倒钝。

Ra 3.2 (√)

型芯 Ⅱ		比例	数量	材料	图号
		1:1	2	P20	
制图					
审核					

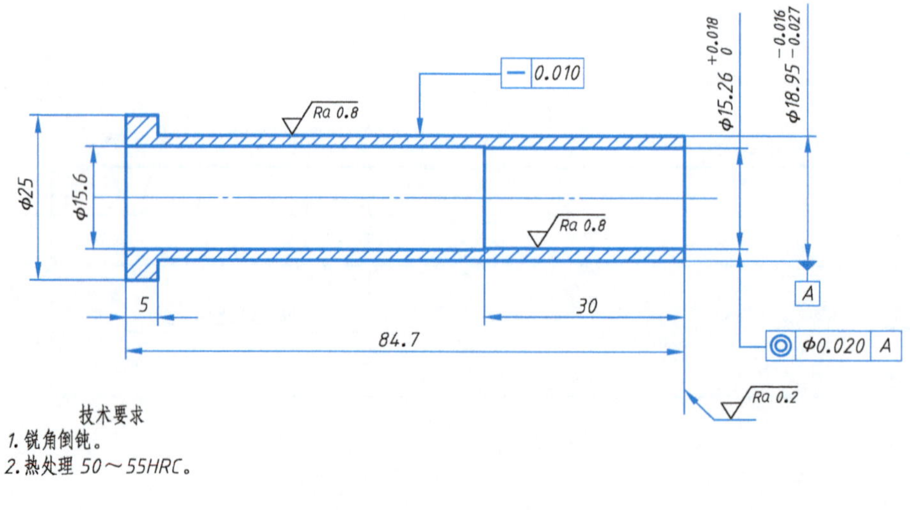

技术要求
1. 锐角倒钝。
2. 热处理 50～55HRC。

Ra 3.2 (√)

推管 I		比例	数量	材料	图号
		1:1	2	GCr15	
制图					
审核					

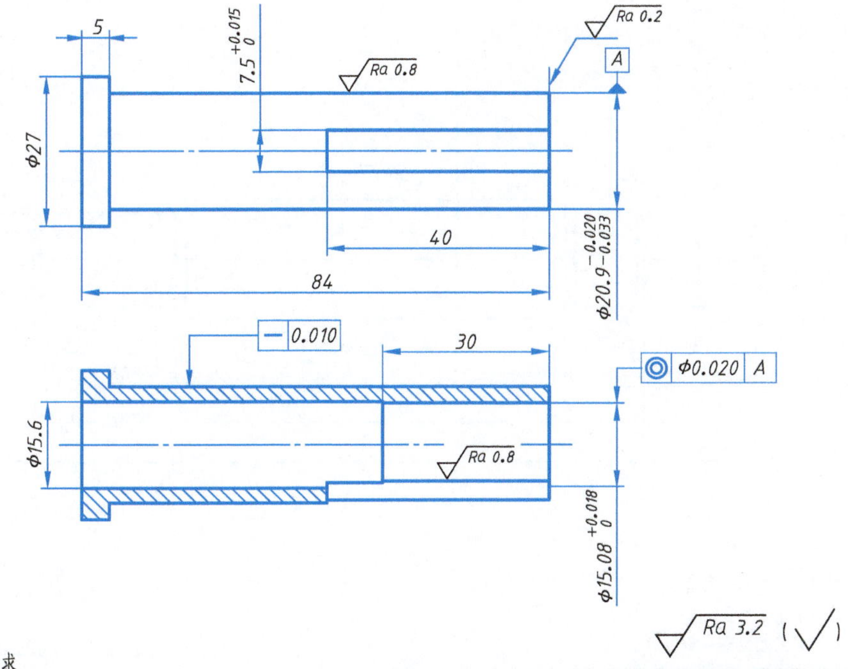

技术要求

1. 锐角倒钝。
2. 热处理 50～55HRC。

推管Ⅱ			比例	数量	材料	图号
			1:1	2	GCr15	
制图						
审核						

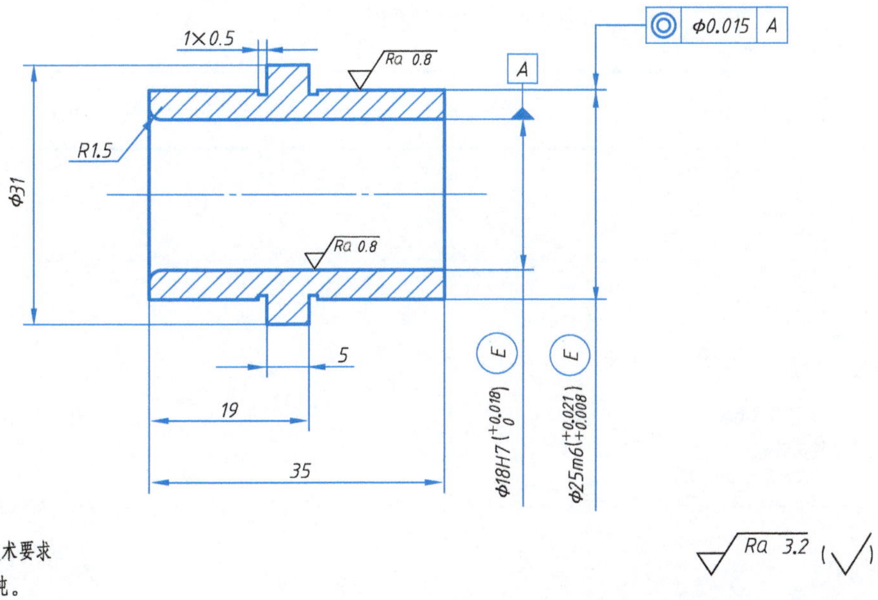

技术要求

1. 锐角倒钝。
2. 热处理54～58HRC。

推板导套			比例	数量	材料	图号
			1:1	2	T10A	
制图						
审核						

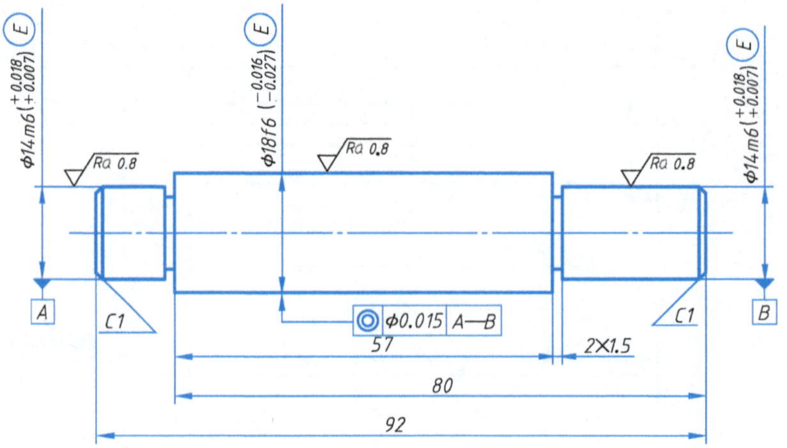

技术要求

1. 锐角倒钝。
2. 热处理52～56HRC。

Ra 3.2 (√)

推板导柱	比例	数量	材料	图号
	1:1	2	T10A	
制图				
审核				

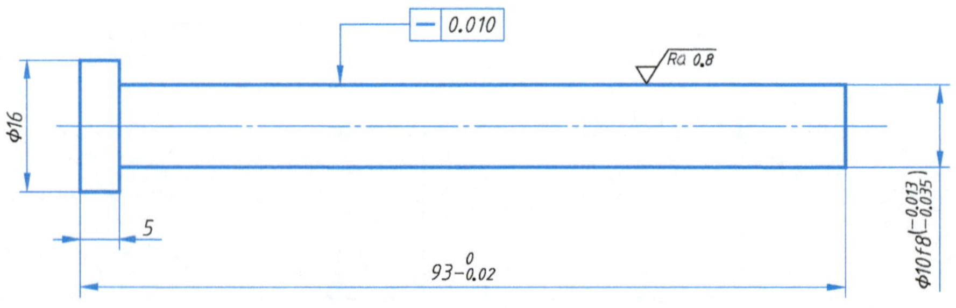

技术要求

1. 锐角倒钝。
2. 热处理50～55HRC。

Ra 3.2 (√)

复位杆	比例	数量	材料	图号
	1:1	4	T10A	
制图				
审核				

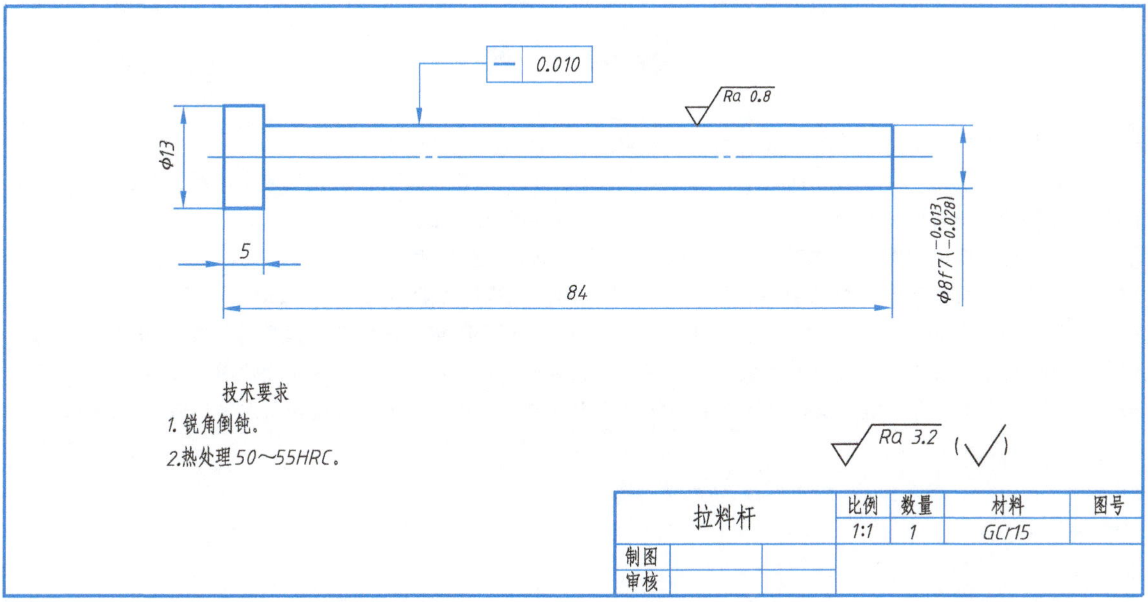

任务二　绘制注射模装配图

一、工作任务

看懂装配图，根据任务一给出的零件图绘制注射模装配图。标准件见装配图明细栏。

二、实施步骤

塑料模具装配图的主视图通常按合模状态上下放置绘制，重点表达成型零件、模板的装配关系，以及推出机构、导向装置、浇注系统和冷却系统的装配连接关系。俯视图习惯上按开模状态绘制，将定模部分拿走，只绘制动模部分。

一般由内向外，按塑件、成型件、动（定）模板、浇注系统、模架、推出机构及其他导向零件顺序绘制，逐个绘制零件，以及各零件之间的装配连接关系。

若在任务一中绘制好了零件图，则复制、插入零件图，拼画装配图即可。

1）确定表达方案。

2）绘制动模镶件、动模板。

3）绘制定模镶件、定模板。

4）绘制动、定模板的导柱、导套。

5）绘制浇口套、定模座板、定位圈。

6）绘制支承板、垫块、动模座板。

7）绘制型芯、型芯固定板。

8）绘制推管、拉料杆、推板、推杆固定板。

9）绘制推板导柱、推板导套。

10）绘制各模板连接螺钉。

11）标注必要尺寸。

12）设置“多重引线样式”，标注零件序号。

13）设置“表格样式”，绘制标题栏、明细栏表格。

14）注写技术要求。

装配图见书后插页4。

参 考 文 献

[1] 钱坤. AutoCAD 机械绘图 [M]. 北京：机械工业出版社，2017.

[2] 张玉琴，张绍忠. AutoCAD 上机实验指导与实训 [M]. 2 版. 北京：机械工业出版社，2012.

[3] 杨海鹏. 模具拆装与测绘 [M]. 2 版. 北京：清华大学出版社，2016.

[4] 胡建生. 机械制图（多学时）[M]. 3 版. 北京：机械工业出版社，2017.

[5] 金大鹰. 机械制图（机械类专业）[M]. 4 版. 北京：机械工业出版社，2015.

[6] 王子媛，贺爱东，林海雄. 零部件测绘实训 [M]. 2 版. 广州：华南理工大学出版社，2015.

[7] 杨关全，匡余华. 冷冲模设计资料与指导 [M]. 4 版. 大连：大连理工大学出版社，2014.

[8] 何冰强，高汉华. 塑料模具设计指导与资料汇编 [M]. 3 版. 大连：大连理工大学出版社，2014.